空想をかきた[illegible]
不思議な鉱物[illegible]界へ
ようこそ！

詩人・童話作家の宮沢賢治は、アマチュア鉱物学者でもあった。「この砂はみんな水晶だ。中で小さな火が燃えている」（『銀河鉄道の夜』より）などの表現があるように、たびたび詩や小説のなかで鉱物を引き合いに出している。石は幻想的なイメージを喚起してくれる魅惑的な装置だったのだ。

その魅力ある結晶が宝石や美術品として愛されてきたように、鉱物は人類との関わりにおいて深い歴史をもってきた。地球資源として役立てられ、近代に至ると、鉱物から多くの元素が発見された。化学の基礎は鉱物なくして語ることができないほどだ。

動物や植物と同じように、鉱物もひとつとして同じものが存在しない。長いもので数億年という気の遠くなるような歳月を経て成長した大地の結晶は、さまざまな姿形になることで、その来歴を語ってくれている。本書はその声に耳を傾けるための、手頃な標本を中心に編んだ鉱物の入門書である。

CONTENTS

PART4
宝石・貴金属になる鉱物 065

PART 5
厳選!鉱物早見図鑑

Column

鉱物ガイド

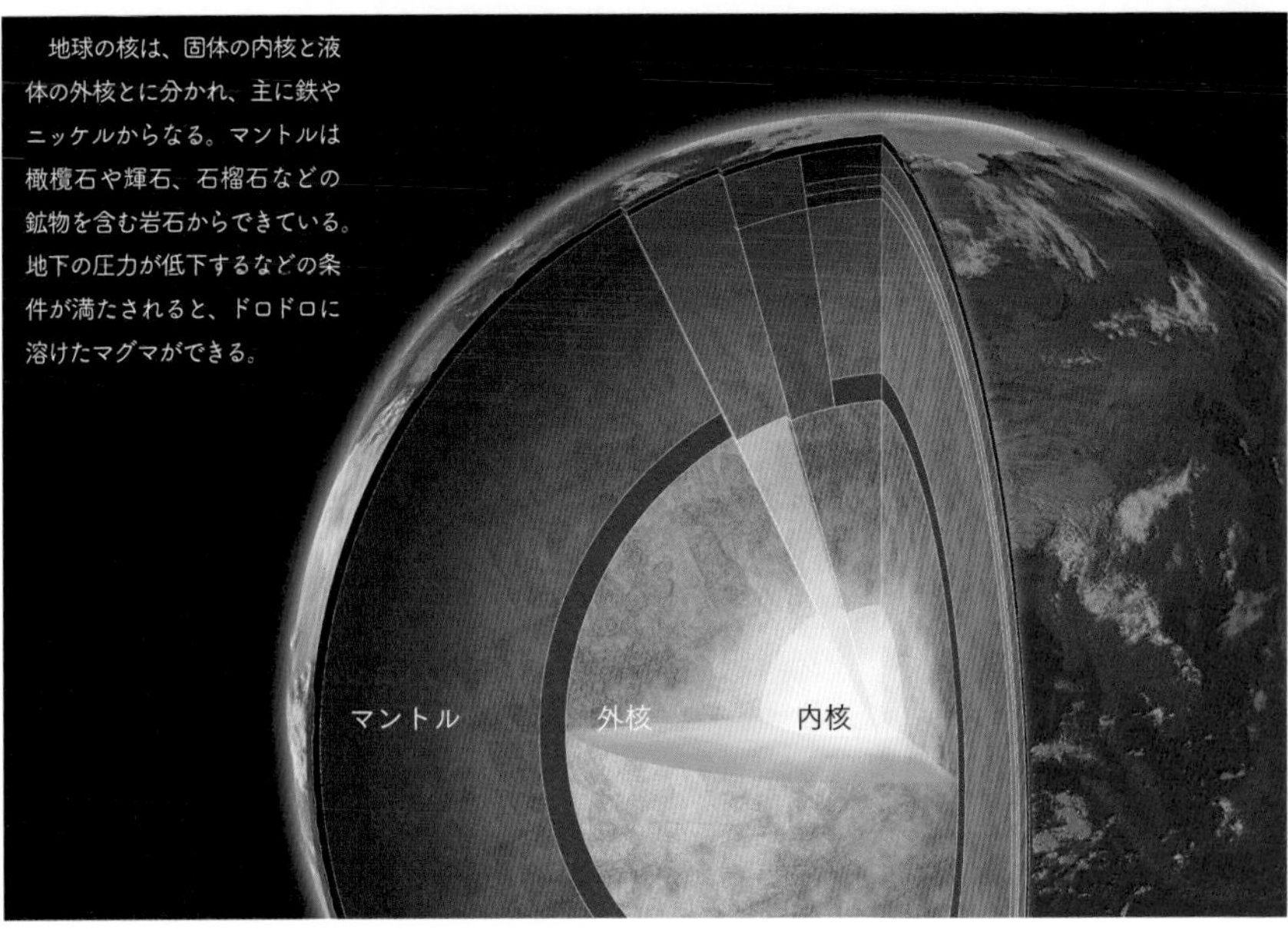

地球の核は、固体の内核と液体の外核とに分かれ、主に鉄やニッケルからなる。マントルは橄欖石や輝石、石榴石などの鉱物を含む岩石からできている。地下の圧力が低下するなどの条件が満たされると、ドロドロに溶けたマグマができる。

基本 1

地球を構成する最小単位をさぐる

鉱物とは何か？

鉱物は肉眼で見える、地球を構成する最小の単位だ。地球は火成岩、堆積岩、変成岩といった岩石からなり、さらにその岩石を構成するのが鉱物である。鉱物はこうした岩石ができる過程で生成される。詳しくは「基本４」で触れるが、概して地球内部の金属を含むマグマが地表付近で結晶になったものなどだ。

鉱物と同じ成分であっても、鉱物とはみなされないものもある。例えば人間の歯や骨は、リン酸カルシウムの燐灰石（りんかいせき）と同じ成分をもつ結晶ともいえる。だが、地質的な経過を経たものではないので鉱物とはされない。また、有機物は普通、鉱物とはみなされないが、生物として成長した貝化石には地質的な経過を経て組成が置き換わり、鉱物になったものもある。

現在、鉱物は世界に約４７００種ほどあり、毎年少しずつ新鉱物が発見されて増え続けている。火山活動が盛んな日本では約１２３０種もの鉱物が採れる。そのうちよく見られる代表的な鉱物は１００～２００種ほど。初心者にとっては、同じ形状がひとつとしてない鉱物を分類するのは難しいが、それが鉱物の楽しさでもあるのだ。

基本は化学組成式から
鉱物の表し方

鉱物が何でできているのかを表すものが、化学組成式だ。例えば、石英（せきえい）は二酸化ケイ素のことで「SiO_2」と元素記号で表記される。実際の鉱物には原子レベルの不純物が混じっているのが普通で、そのせいで本来無色のはずの石英が色をもつことなどがある。だが、こうした微量の不純物は無視し、元素の比率と原子の並び方から化学組成式が表され、鉱物が分類される。

なかには成分が連続する一連の元素が含まれているため、分類が難しい鉱物もある。これは固溶体と呼ばれる鉱物で、入れ替わることができるいくつかの元素のうち、最も量が多い元素が主成分となる「端成分（たんせいぶん）」を基準に種が同定されることもある。

また、石墨（せきぼく）とダイヤモンドのように、化学組成が同じでも原子配列が違えば別種となる。こうした鉱物は同質異像という。逆に原子配列が同じでも、化学組成が違えば当然、別種となるが、こうした鉱物は化学組成が混じり合う固溶体をつくりやすくなる。

ちなみに鉱物名は、化学組成をそのままにしたようなものもあれば、結晶の形や物理的性質などから名づけられたものもあり、一様ではない。

元素周期表

原子番号 / 元素記号 / 元素名（例：1 H 水素）

周期＼族	1	2	3	4	5	6	7	8	9	10	11	12	13	14	15	16	17	18
1	1 H 水素																	2 He ヘリウム
2	3 Li リチウム	4 Be ベリリウム											5 B ホウ素	6 C 炭素	7 N 窒素	8 O 酸素	9 F フッ素	10 Ne ネオン
3	11 Na ナトリウム	12 Mg マグネシウム											13 Al アルミニウム	14 Si ケイ素	15 P リン	16 S 硫黄	17 Cl 塩素	18 Ar アルゴン
4	19 K カリウム	20 Ca カルシウム	21 Sc スカンジウム	22 Ti チタン	23 V バナジウム	24 Cr クロム	25 Mn マンガン	26 Fe 鉄	27 Co コバルト	28 Ni ニッケル	29 Cu 銅	30 Zn 亜鉛	31 Ga ガリウム	32 Ge ゲルマニウム	33 As ヒ素	34 Se セレン	35 Br 臭素	36 Kr クリプトン
5	37 Rb ルビジウム	38 Sr ストロンチウム	39 Y イットリウム	40 Zr ジルコニウム	41 Nb ニオブ	42 Mo モリブデン	43 Tc テクネチウム	44 Ru ルテニウム	45 Rh ロジウム	46 Pd パラジウム	47 Ag 銀	48 Cd カドミウム	49 In インジウム	50 Sn スズ	51 Sb アンチモン	52 Te テルル	53 I ヨウ素	54 Xe キセノン
6	55 Cs セシウム	56 Ba バリウム	57-71 ランタノイド	72 Hf ハフニウム	73 Ta タンタル	74 W タングステン	75 Re レニウム	76 Os オスミウム	77 Ir イリジウム	78 Pt 白金	79 Au 金	80 Hg 水銀	81 Tl タリウム	82 Pb 鉛	83 Bi ビスマス	84 Po ポロニウム	85 At アスタチン	86 Rn ラドン
7	87 Fr フランシウム	88 Ra ラジウム	89-103 アクチノイド	104 Rf ラザホージウム	105 Db ドブニウム	106 Sg シーボーギウム	107 Bh ボーリウム	108 Hs ハッシウム	109 Mt マイトネリウム	110 Ds ダームスタチウム	111 Rg レントゲニウム	112 Cn コペルニシウム	113 Nh ニホニウム	114 Fl フレロビウム	115 Mc モスコビウム	116 Lv リバモリウム	117 Ts テネシン	118 Og オガネソン

ランタノイド	57 La ランタン	58 Ce セリウム	59 Pr プラセオジム	60 Nd ネオジム	61 Pm プロメチウム	62 Sm サマリウム	63 Eu ユウロピウム	64 Gd ガドリニウム	65 Tb テルビウム	66 Dy ジスプロシウム	67 Ho ホルミウム	68 Er エルビウム	69 Tm ツリウム	70 Yb イッテルビウム	71 Lu ルテチウム
アクチノイド	89 Ac アクチニウム	90 Th トリウム	91 Pa プロトアクチニウム	92 U ウラン	93 Np ネプツニウム	94 Pu プルトニウム	95 Am アメリシウム	96 Cm キュリウム	97 Bk バークリウム	98 Cf カリホルニウム	99 Es アインスタイニウム	100 Fm フェルミウム	101 Md メンデレビウム	102 No ノーベリウム	103 Lr ローレンシウム

基本 3

鉱物の特徴

鉱物を分類する

元素鉱物	1種類の元素でできた鉱物、または複数の元素がつくる合金
硫化鉱物	硫黄（S）と結合している鉱物
酸化鉱物	酸素（O_2）と結合している鉱物
ハロゲン化鉱物	フッ素（F）や塩素（Cl）などと結合している鉱物
酸素酸塩鉱物	金属元素と酸素がつくる塩（酸素酸塩）をもつ鉱物 炭酸塩鉱物、硫酸塩鉱物、燐酸塩鉱物、砒酸塩鉱物、硼酸塩鉱物、珪酸塩鉱物など

①分類 [Classification]

鉱物は、化学分析などによって正確な組成を知ることができ、主に上の表のように分類できる。

これら多くの鉱物は、肉眼で種類を決めることができるような、いくつかの基本的な性質をもつ。結晶の形、色・条痕（じょうこん）、硬度、光沢、比重・密度、劈開（へきかい）のほか、磁性の有無、紫外線による蛍光の有無、酸による溶融の有無などである。こうした分類のための代表的な特徴を以下に見ていくことにしよう。

②硬度 [Hardness]

硬度の一般的な基準は「モース硬度計」と呼ばれる。19世紀初頭にドイツのモースが考案したもので、鉱物同士を引っかきあい、傷がついたほうが柔らかいという簡便な判断の仕方だ。例えば石膏（せっこう）と石英では見た目が似ていることが多いが、硬度によって簡単に区別することができるのだ。

ただし、モース硬度計はあくまでも相対的な目安であり、左図の数字の差も均質ではない。また、衝撃に対する強さを表すわけではないので、鉄よりも硬いものであったとしても、トンカチで叩けば砕け散ることもある。

硬度	基準となる鉱物	道具
1	滑石	
2	石膏	爪（2.5）
3	方解石	10円硬貨（3.5）
4	蛍石	釘（4.5）
5	燐灰石	ガラス（5.5）
6	正長石	ナイフ（6）
7	石英	
8	トパーズ	
9	コランダム（鋼玉）	
10	ダイヤモンド	

※ひとつの鉱物でも、結晶の方位によって原子の結合状態が異なるため、硬度には自ずと幅ができる。集合状態でも変化があり、例えば軟マンガン鉱のように、土状のものは柔らかくて硬度は2だが、きちんとした大きな結晶では最大6.5の硬度がある。

③結晶系
[Crystal System]

結晶形を示す鉱物は、ミクロの原子配列の部分が三次元的に繰り返して並び、肉眼で見えるほどの固体をつくっている。この原子配列を統一的に分類すると230通りあるが、外形に表れる対称性だけに着目すると、6種類に分けることができる（三方晶系を六方晶系に含めない場合は7種類）。

実際の鉱物は、微小結晶が集合して多様な形を示すことが多いが、どれほど複雑な形をしていても、この結晶系が鉱物の形を決める基本となる。例外としては、原子が規則正しく配列していない「非晶質（ひしょうしつ）」の鉱物や、自然水銀のように常温で液体の鉱物などがある。

	立方晶系	正方晶系	直方晶系
結晶軸の本数	3	3	3
結晶軸の長さ	すべて同じ	2本が同じ	すべて異なる
結晶軸の交わる角度	すべて 90°	すべて 90°	すべて 90°
主な鉱物	蛍石、石榴石、磁鉄鉱など	ベスブ石、ルチルなど	重晶石、橄欖石など

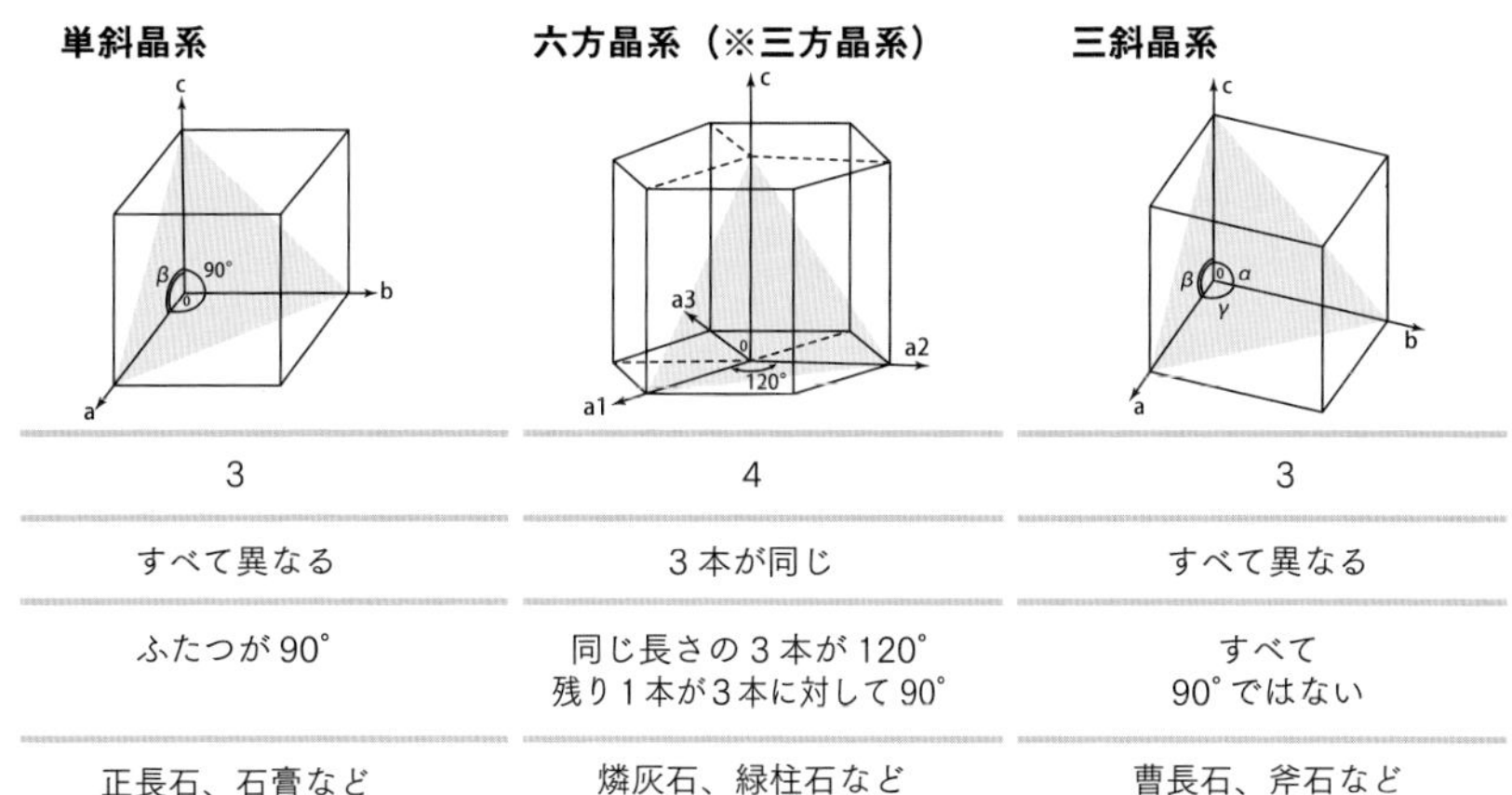

	単斜晶系	六方晶系（※三方晶系）	三斜晶系
結晶軸の本数	3	4	3
結晶軸の長さ	すべて異なる	3本が同じ	すべて異なる
結晶軸の交わる角度	ふたつが 90°	同じ長さの3本が 120° 残り1本が3本に対して 90°	すべて 90° ではない
主な鉱物	正長石、石膏など	燐灰石、緑柱石など	曹長石、斧石など

※三方晶系…三方晶系は菱面体晶系ともいい、結晶軸が3本で、結晶軸の長さは2本が同じ。同じ長さの2本の角度が120°で、残り1本が2本に対して 90° で交わる。六方晶系の結晶軸を3本として表すと、ほぼその一部に含まれることになる。

④劈開 [Cleavage]

鉱物は原子同士の結びつきが弱い方向に割れやすい性質がある。これを「劈開（へきかい）」という。劈開が完全な場合はきれいな平面になり、これを劈開面と呼ぶ。雲母（うんも）は最も典型的な劈開をもち、爪などを入れただけで簡単にひとつの方向（一方向）にはがすことができる。石英は劈開がなく、割れ口が貝殻状や不規則なざらざらした面になる。

割れる方向には一、二、三、四、六があり、鉱物を加工しようとするときに無視することができない。このように劈開は鉱物によって特徴があり、種類を決めるときの手がかりになる。

⬇方解石は三方向に割れる。

一方向に劈開	雲母、石墨など
二方向に劈開	輝石、角閃石など
三方向に劈開	方解石、方鉛鉱、岩塩など
四方向に劈開	蛍石など
六方向に劈開	閃亜鉛鉱
劈開なし	石英、自然金、黄鉄鉱など

⑤比重・密度 [Specific Gravity]

密度（g/cm³）は質量を体積で割って表される。密度が1g/cm³の水を基準にして、同じ体積の鉱物の質量が水の何倍になるのかを数値で表したものが比重だ。

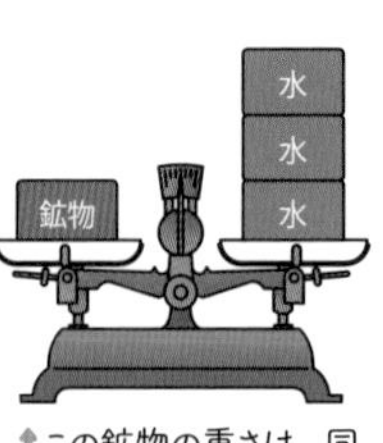

⬆この鉱物の重さは、同じ体積の水の重さの3倍なので、比重は3。

⑥色 [Color]

鉱物は、その化学成分を反映して特有の色をもつ。一方で、同じ種類の鉱物でも微量な元素などを含んで多彩な色をもつことがある。

⑦条痕 [Streak]

粉末にした鉱物の色を条痕色（じょうこんしょく）と呼ぶ。条痕は、白い素焼きの陶板などに鉱物をこすりつけて見ることができる。

⑧光沢 [Lustre]

鉱物は、鉱物の透明感、反射の強弱などでいろいろな光り方をするため、特徴をとらえるための要素になることがある。ダイヤモンドのように透明感が強く屈折率の高いものはダイヤモンド光沢、透明感の高い一般的な鉱物はガラス光沢、屈折率と透明感の低いプラスチックのような光沢のものは樹脂光沢という。

透明感がなくて反射光が強いものは金属光沢、半透明で柔らかい真珠のように輝くものは真珠光沢、脂ぎった感じのものは脂肪光沢。

そのほかに微細な結晶が集まった絹糸（けんし）光沢、土状光沢など具体的なものの名前で表すこともある。

ダイヤモンド光沢	透明感があり、光の屈折率が高い。ダイヤモンド、錫石、閃亜鉛鉱など。
ガラス光沢	ガラスのような輝きを放つもの。石英、長石、輝石、岩塩など透明感のある鉱物。
樹脂光沢	プラスチックのような柔らかな光沢を放つもの。琥珀、硫黄など。
脂肪光沢	わずかな透明感があり、ラードのようなぎらついた輝きを放つ。鶏冠石など。
真珠光沢	完全な劈開面から、真珠のような輝きを放つもの。滑石、白雲母など。
絹糸光沢	絹糸の束のような輝きを放つ。繊維状の結晶が密集している鉱物に見られる。石綿など。

鉱物名	屈折率
ダイヤモンド	2.42
ジルコン	1.93
コランダム	1.76 ～ 1.77
スピネル	1.72
トパーズ	1.62 ～ 1.63
エメラルド	1.52 ～ 1.60
水晶	1.54 ～ 1.55

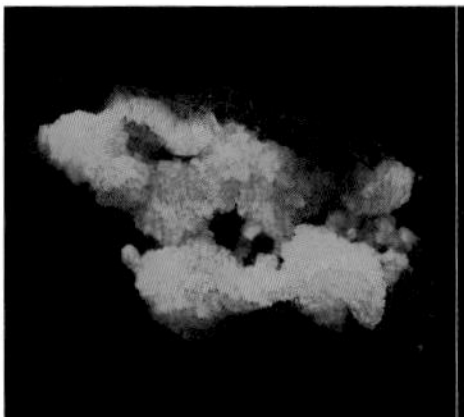

⬆紫外線を当てると蛍光するアダム石。

⑨その他 [Others]

以上の見分け方のほかにも鉱物を見分ける特徴はいくつかある。例えば、磁性をもつ鉱物なら磁石を吸いつける。蛍石（ほたるいし）やアダム石などの紫外線で蛍光する鉱物は、紫外線ランプを当てると赤や青などに蛍光する（ただし、ある種の鉱物は産状によって蛍光しない場合もある）。

自然金のように延性や展性をもつ鉱物は、叩いて調べることができる。電気石（でんきせき）などの鉱物は、加熱したりすると、結晶の両端がプラスとマイナスに帯電する。また、透明な鉱物は、偏光顕微鏡で屈折率（上表参照）を測定しても分類できる。

さまざまな鉱物の産状

鉱物ができる場所

鉱物ができる条件は、どのような場所でできるのかという「産状」と関係があり、一般的に次のように分類される。

■マグマから火成岩に固まる過程でできる

火成岩をつくる造岩鉱物がこれにあたる。また、橄欖岩（蛇紋岩を含む）、斑れい岩、閃緑岩などの深成岩の中に、層状やレンズ状の塊として資源鉱物が集まった場所を**正マグマ性鉱床**という。

■マグマが固まる末期にできる

マグマが固まった火成岩のうち、深い場所でゆっくりと冷えて固まった岩石を深成岩と呼ぶ。この深成岩のうち、花崗岩や閃長岩では軽い元素などがマグマの固まる末期まで残り、脈状やレンズ状の粗い粒からなる鉱物の集合体をつくる。こうしてできた鉱床を**ペグマタイト鉱床**という。

■熱水作用によってできる

マグマからきた熱い液体、あるいは地表の水が地下で熱せられてできた液体が、鉱物の成分を多く溶かし込んでいると、冷えて固まるときに鉱物をつくる。このような鉱物は、岩石の割れ目、層と層との境目などにできる。特に金属資源を含むものは**熱水鉱脈**という。

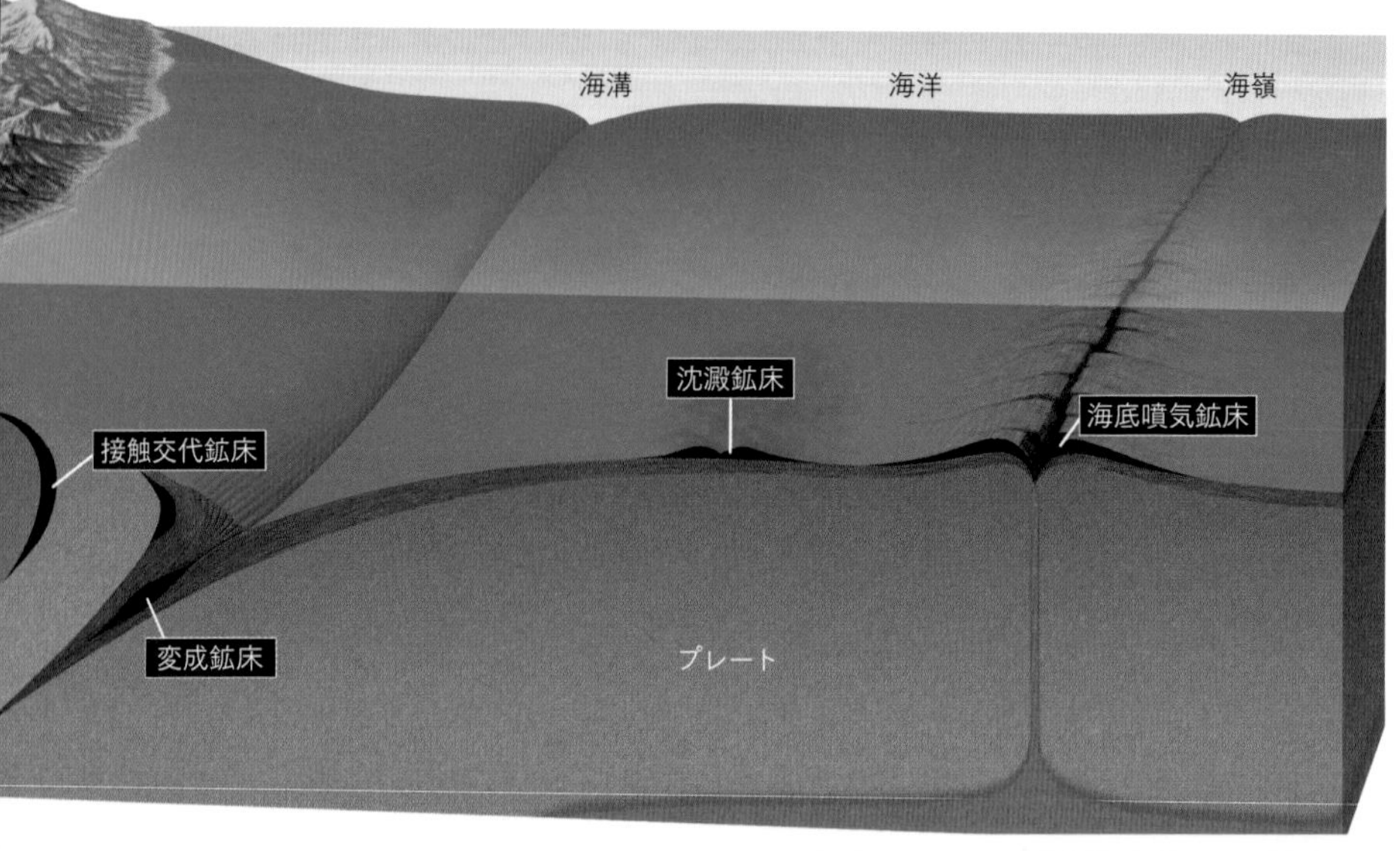

■火山昇華物や噴気中にできる

昇華（しょうか）というのは、気体が液体を経ずに、直接固体になる、あるいはその逆の経過をたどる現象で、火山の噴気孔付近でよく見られ、硫黄（いおう）が代表的な鉱物だ。こうしてできた鉱床を**火山噴気鉱床**と呼ぶ。噴気が海底で起これば（**海底噴気鉱床**）、熱水作用によってできる鉱床と同じことになるため、厳密な区別はつけられない。

■変成岩や変質岩中にできる

元の鉱物が熱や圧力を受けて別の鉱物になったり、再結晶作用で粒が粗くなったりすることがある。熱や圧力だけでなく、火成岩マグマから成分が付け加えられることもある。こうしてできた鉱床を**変成鉱床**という。マグマとの接触で局所的にできたものを**接触交代鉱床**（スカルン鉱床）、海底に層をなす銅や鉄の硫化物が広域的な変成作用を受けてできた層状含銅硫化鉄鉱鉱床（がんどうりゅうかてっこうこうしょう）などがある。

■堆積岩や堆積物中にできる

水中に溶けこんでいた成分が沈澱してできる鉱物で、**沈澱鉱床**という。地表で岩石が風化して資源が残った場合には**風化残留鉱床**、堆積物に集まったものは**漂砂鉱床**という。

■空気や水の作用で分解してできる

主に硫化物の金属鉱床の上部に見られる酸化帯でできる鉱物。酸化帯では、元の鉱物が水や空気と反応して別の鉱物に変わる。

■地球外の物質中の鉱物

隕石として地表にきた鉱物など。

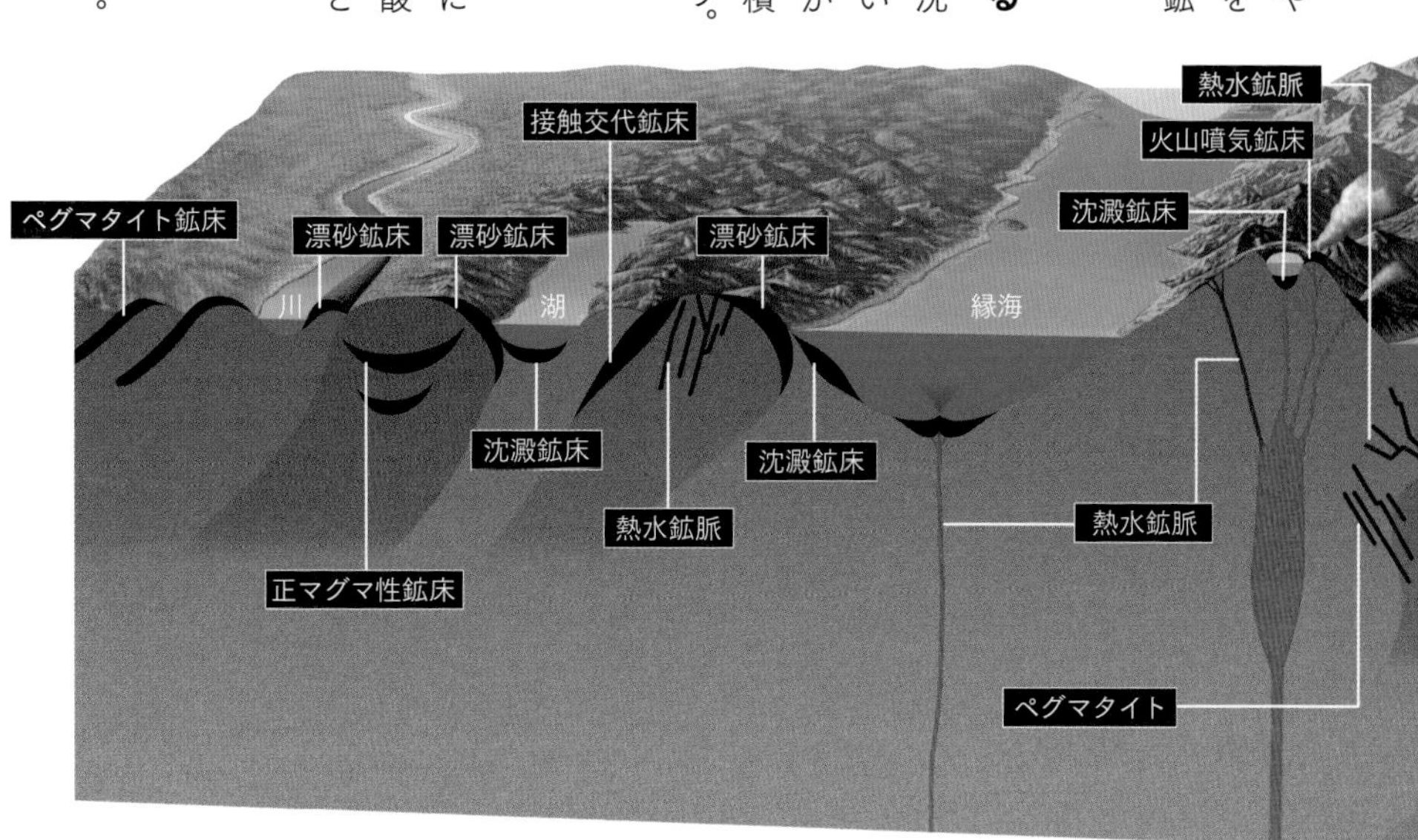

本書の見方

本書は、世界中に産出する鉱物のうち、約 200 種を紹介する。写真の標本は主に市販されているものだが、そのほかに国立科学博物館（櫻井標本など）や大英自然史博物館などのコレクションも含まれている（詳細は巻末の写真提供一覧）。また、産地が判明している標本は「†」の記号で記載しており、国名は略記した（例：アメリカ合衆国➡アメリカ）。構成は、第1・2章が鉱物、第3章はレアメタル、第4章は宝石、第5章は鉱物図鑑になっている。いろいろな視点で鉱物を楽しんでいただきたい。

❖ 鉱物データ
鉱物の化学組成式のほか色や劈開などの基本的な性質。硬度や比重の数値に幅がある場合、矢印は最大値を示す。

❖ Check!
鉱物の結晶や色などの特徴で注目したいことなど。

❖ 分類
鉱物の結晶系と化学組成による分類。本書では、結晶系を以下の8パターンに分類した。

立方晶系

直方晶系

三方晶系

正方晶系

単斜晶系
六方晶系

三斜晶系
非晶質

❖ 元素データ
原子番号や原子量のほか、主要埋蔵国（または生産国）などの元素の基本的なデータ。

†大規模なリチウムを埋蔵するボリビア西部に広がるウユニ塩原。乾燥させて食塩をつくるための無数の小山が並ぶ。

❖ 元素名
レアメタルとされる元素記号と元素の名前。左の元素周期表には主なレアメタルのみ記載している。

❖ 鉱物名など
鉱物、宝石、元素などの名前。宝石名や俗称の場合は鉱物名を、元素の場合は鉱石名を下に付記した。

❖ 分類
化学組成による鉱物の分類とその主な特徴。

❖ 世界の鉱物遺産
未来に残したい、鉱物や岩石に関連する景勝地など。

❖ 鉱物の特徴
主な産状や結晶の形、用途など。

❖ 鉱物データ
鉱物の化学組成式や結晶系のほか、色や劈開などの基本的な性質。

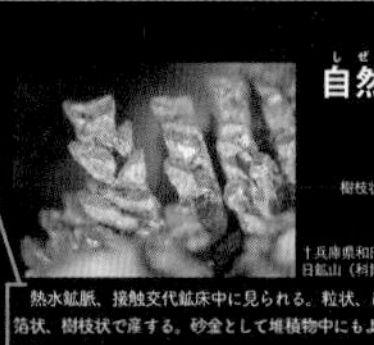

NATIVE ELEMENTS
元素鉱物
元素鉱物は、化合物ではなく基本的には1種の元素から構成される鉱物のほか、合金が含まれる。希少なものも多いが、ここでは代表的な元素鉱物を取り上げる。なお、元素鉱物には「自然」を冠することがあり、鉱物名はそれにならっている。

PART 1

形が不思議な鉱物

鉱物を楽しむ指標のひとつが「形」である。鉱物の結晶は本来、理想的な成長のいわば道筋をもち、地質的な制約がなければ結晶はすべて美しい形になりうる。こうした結晶は自形結晶というが、それ以外にも特定の環境下で美しい形になる鉱物もある。本章ではその名称・俗称にも垣間見ることができる不思議な形の「変わりもの」鉱物を集めてみた。

◆化学組成式：$CaSO_4 \cdot 2H_2O$（※石膏）	硬度　2（0〜10）
◆　色　：無〜白、淡黄、淡褐など	
◆条　痕：白	
◆光　沢：ガラス〜真珠	比重　2.3（0〜10）
◆劈　開：一方向に完全	

単斜晶系
硫酸塩鉱物

01

砂漠に咲く石膏の「華」

砂漠の薔薇

鉱物▼石膏・重晶石

CHECK!

花弁状の結晶形

石膏の花弁状結晶。なぜ複雑な花弁状の球になるのかは、わかっていない。（†モロッコ・エルフード）

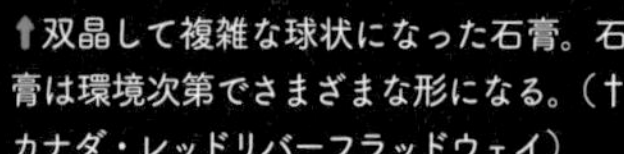

↑双晶して複雑な球状になった石膏。石膏は環境次第でさまざまな形になる。（†カナダ・レッドリバーフラッドウェイ）

↑重晶石の「砂漠の薔薇」。石膏の砂漠の薔薇よりも、やや硬度が高く、比重は2倍近い。（†アメリカ・オクラホマ州ノーマン）

干上がった湖に咲く鉱物の結晶

「砂漠の薔薇」は、石膏などの結晶が花弁状に集合したものをいい、サハラ砂漠のほか、アメリカやメキシコなどのかつてオアシスがあった場所に見つかる。

砂漠のオアシスや湖には、塩分以外にも多くのミネラル成分が溶けている。そのオアシスや湖が干上がるとき、水が蒸発して結晶が成長する。水に硫酸カルシウムが多ければ石膏の、硫酸バリウムが多ければ重晶石の「砂漠の薔薇」が生まれる。砂が混じるので植物の薔薇と同じローズピンク色にはならないが、複雑で美しい形状になるため観賞用として人気がある。

◆世界の鉱物遺産

ナイカ鉱山

ナイカは2000年に発見されたメキシコのチワワ州にある洞窟で、10メートルを超す巨大な石膏鉱床が広がる。洞窟内は長らく地下水で満たされており、石膏の結晶が成長しやすい50℃前後の環境だった。これほどまでに巨大な結晶が成長するには50万年はかかったと考えられているが、発見後、人間が洞窟内に入ることで坑内の温度が変わるなどの環境の変化があったために、結晶の保存が危ぶまれている。

◆化学組成式：FeS_2
◆　色　：真鍮黄
◆条　痕：帯緑黒〜帯褐黒
◆光　沢：金属
◆劈　開：なし

硬度　6
比重　5.0

立方晶系
硫化鉱物

02

美形結晶をなす「愚者の金」 黄鉄鉱（おうてっこう）

CHECK!

六面体の結晶

黄鉄鉱の美形結晶の産地であるスペインでは、滑石片岩中にできた六面体の結晶がよく見られる。まるで磨かれたような光沢だが、天然のものだ。（†スペイン・ログローニョ）

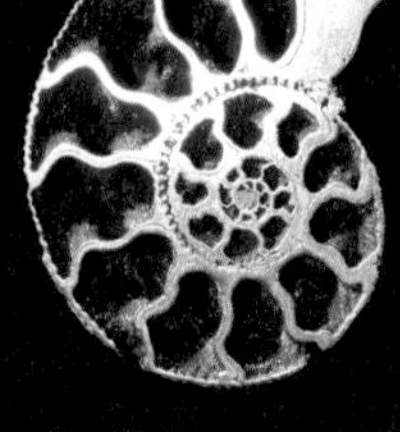

↑殻の炭酸カルシウムが硫化鉄に入れ替わったアンモナイトの化石。（†ロシア）

↑五角十二面体の単体結晶。（†スペイン・ログローニョ）

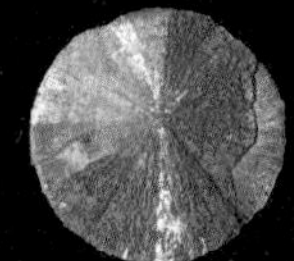

↑円板状のパイライト・サン。（†アメリカ・イリノイ州スパルタ）

六面体や十二面体のきれいな結晶ができる

黄鉄鉱（おうてっこう）は、磨かれたような六面体の美形結晶が自然にできやすい。世界中の鉱山で採れる一般的な鉱物だが、硫黄（いおう）と鉄との化合物（硫化鉄）であるため、火山の多い日本でもよく産出する。黄金色の光沢が金と間違われることもあり、「愚者の金（フールズ・ゴールド）」と呼ばれた。

大きさは微細なものから10センチ角のものまでさまざまあり、世界最大の黄鉄鉱は1辺が約21センチもある。六面体や十二面体など異なる形の結晶が同じ母岩にできることがある。また圧縮されて円板状に成長した結晶は「パイライト・サン」と呼ばれる。

◆化学組成式：$CaCO_3$（※方解石）
◆　色　：無～白、灰、黄、青、ピンクなど
◆条　痕：白
◆光　沢：ガラス
◆劈　開：三方向に完全

硬度　3
0　5　10

比重　2.7
0　5　10

三方晶系
炭酸塩鉱物

03

方解石などの鉱物が複雑な模様になる

セプタリアン

鉱物▼方解石など

CHECK!

方解石の結晶

モロッコ産セプタリアンの断面に見られる模様は、隙間に染み込んだ白色の方解石によるものだ。（†モロッコ）

◆世界の鉱物遺産

モエラキ・ボールダーズ

ニュージーランド南島の南東部、北オタゴ沿岸部には大きさが2～3メートルにもなる大小さまざまなセプタリアンが転がる。もともとの泥石地層が長い年月をかけて浸食されて、球形の岩石だけが残された。団塊は約400万年かけて成長したものだといわれている。

方解石が詰まった、恐竜の卵に似た岩石

海洋生物の死骸や貝殻化石などを核に泥などの堆積物が球形に固まり、その団塊の空隙に方解石や黄鉄鉱などの鉱物が成長することがある。これは「セプタリアン」と呼ばれる岩石で、隔壁に仕切られた断面の見た目からこのように名づけられた。

アメリカのユタ州に産するセプタリアンは、灰色の団塊に黄褐色の方解石が雷のように見えることから「サンダーエッグ」や「ドラゴンの卵」などとも呼ばれている。日本では外観が亀の甲羅に似ていることから「亀甲石」と呼ばれ、飾り石にされている。

◆化学組成式：$Na(Li,Al)_3Al_6(BO_3)_3Si_6O_{18}(OH,F)_4$
◆　色　：緑、青、ピンク、赤、黄、褐など
◆条　痕：白
◆光　沢：ガラス
◆劈　開：なし

硬度　7.5（0　5　10）

比重　3.0（0　5　10）

三方晶系
珪酸塩鉱物

04

静電気を帯びるスイカ?
ウォーターメロン

鉱物▼リチア電気石

CHECK!

リチア電気石の断面

電気石は輪切り状に割れやすく、その断面は果物を切ったように滑らかだ。断面の見た目が丸みをもった三角形に近く、特にスイカ色の「ウォーターメロン」はブラジル産が有名だ。（†ブラジル・ミナスジェライス州ゴベルナドルバラダレス）

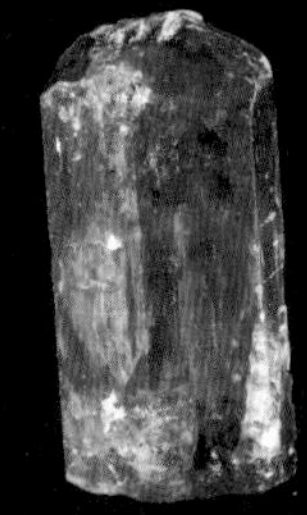

➡橙色のリチア電気石。さらに緑色と橙色の2色にわかれたものは、バイカラートルマリンと呼ばれる。（†モザンビーク・ムイアーネ鉱山）

断面がスイカのような緑と赤に見える

リチア電気石（でんきせき）は、静電気を帯びる電気石類（トルマリン）のひとつで、宝飾品としても人気がある。色によって名称が異なり、赤やピンクはルベライト、赤紫はシベライト、青はインディゴライト、緑はヴェルデライトと呼ばれる。

結晶の成長過程で環境が変わると、ひとつの結晶でも上下や内外で色が異なることもある。2色のものはパーティカラード（バイカラートルマリン）といい、外側が緑で内側が赤のものは、スイカを意味する「ウォーターメロン」と呼ばれる。緑は鉄、赤はマンガンの影響で発色している。

◆化学組成式：$KAl_2(Si_3Al)O_{10}(OH)_2$
◆　色　：無～白、淡緑、淡ピンク、淡黄など
◆条　痕：白
◆光　沢：真珠
◆劈　開：一方向に完全

硬度　2.5
比重　2.8

05

単斜晶系
珪酸塩鉱物

きらきら光る鉱物の星

スターマイカ

鉱物▼白雲母

CHECK!

白雲母の結晶

星形に双晶した白雲母の結晶。白雲母の板状結晶が層状に重なりあっているのがわかる。（†ブラジル・ミナスジェライス州）

←白雲母の板状結晶。ぺらぺらとはがれることから、俗に「千枚はがし」とも呼ばれる。（†福島県石川町七郎内）

6つの角をもつ対称的な結晶形

自然はときに美しい星形の鉱物を生み出す。それが、俗に星形雲母（スターマイカ）と呼ばれる白雲母（しろうんも）の結晶だ。星形といっても部分的に角が隠れてしまうことがほとんどだが、自形ならば本来6つの角をもつ対称形の双晶が、星形になる姿を想像することができるだろう。

白雲母と金雲母（きんうんも）は造岩鉱物としてよく見られる。きらきらと輝くことから、雲母の英語名「マイカ」は「輝く」を意味し、日本でも古来「きらら」「きら」と呼ばれてきた。愛知県西尾市付近の「吉良（きら）」という地名は、白雲母が特産だったことに由来するほどだ。

◆化学組成式：$(Mg,Fe)_2Al_3(AlSi_5O_{18})$（※菫青石）
◆　色　：青～青緑、灰、菫
◆条　痕：白
◆光　沢：ガラス
◆劈　開：なし

硬度　7～7.5

比重　2.6

直方晶系
珪酸塩鉱物

06

桜石（さくらいし）

天然記念物の「6弁の桜」

鉱物▼白雲母（菫青石の仮晶）

CHECK!

菅原道真の伝説

産地として有名な京都府亀岡市の桜天神は、菅原道真にゆかりがある。伝説によると、道真が大宰府へ左遷されたとき、家臣に贈った桜がこの地に植樹され、桜石はその由縁で採れるのだという。（†京都府亀岡市湯の花）

↑母岩から分離した桜石の断面。いずれも5ミリ前後の大きさだ。（†京都府亀岡市稗田野町）

菫青石が変質して美しい花弁状に

桜石（さくらいし）は桜の花弁にちなむ俗称で、日本の天然記念物だ。菫青石（きんせいせき）の結晶が分解して、主に白雲母（しろうんも）に変質し、白～淡ピンク色になったものである（これを菫青石の仮晶（かしょう）という）。桜の花は5弁が普通だが、桜石は6弁に見える性質がある。

菫青石は、最初にインド石という六方晶系型の結晶として成長し、その後、それを覆うように斜方晶系型の結晶（菫青石）が成長したため、六角柱状の結晶形をとるのだ。やがて白雲母などに変質した結晶は、母岩が風化したときに分離する。京都のほか、栃木県の足尾鉱山付近にも産する。

◆化学組成式：$Fe_2Al_9Si_4O_{23}(OH)$
◆　色　：褐～赤褐
◆条　痕：灰
◆光　沢：ガラス
◆劈　開：一方向に明瞭

硬度　7～7.5
比重　3.7

単斜晶系
珪酸塩鉱物

07

十字石（じゅうじせき）

お守りにもなる神秘的な石

CHECK!

十字石の結晶

双晶には90度に貫入する場合と、60度に斜交する場合があり、いずれも美しい結晶形を示す。母岩は白雲母を主とする変成岩。（ロシア・コラ半島ケイヴィ山）

➡斜交形の十字石。（ロシア）

角柱状の結晶が貫入して双晶をなす

十字石（じゅうじせき）は、双晶して十字形になることから名づけられた鉱物だ。英語名のスタウロライトも、ギリシア語で十字（クロス）を意味する「スタウロス」にちなんでいる。もちろん十字形の石といっても、双晶せず角柱状の結晶形で産することもある。日本でも十字石は産出するが、はっきりと十字形になる結晶はあまり見られない。

十字石は風化に強いため、母岩が風化しても、結晶だけが残りやすい。キリスト教国では重宝がられ、アミュレットとして身につけられることもあり神秘的な石とされる。

◆化学組成式：$Na_2Ca_2(Al_6Si_9)O_{30}\cdot 8H_2O$
◆　色　：無～白、ピンクなど
◆条　痕：白
◆光　沢：ガラス～絹糸
◆劈　開：二方向に完全

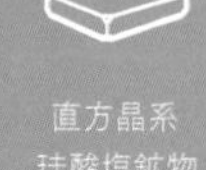

直方晶系
珪酸塩鉱物

08

中沸石（ちゅうふっせき）

繊細な美しさをもつ沸石類

CHECK!

放射状の針状結晶

中沸石は、化学組成がソーダ沸石とスコレス沸石の中間に位置する沸石だ。沸石類は針状では肉眼での区別ができないので、屈折率の測定や偏光顕微鏡が必要。（†インド・マハラシュトラ州プネ）

⬆針状結晶が放射状に集合したスコレス沸石。（†インド・マハラシュトラ州ナーシク）

柔らかくて壊れやすい鉱物

沸石（ふっせき）というのは、ナトリウムやカルシウムなどを含んだ珪酸塩鉱物を総称するグループ名で、約80種以上の沸石が見つかっている。加熱すると水蒸気が出るため、「沸騰」の字をとって名づけられた。

写真の中沸石（ちゅうふっせき）は、白色の針状結晶が放射状に成長したもので、まるで雪だるまやタンポポの綿毛のようだ。さわるとツンツンとして硬いが、鉱物としてはかなり柔らかく、水分が抜けてしまうと壊れてしまう。はかなく繊細な美を呈する代表的な鉱物のひとつだ。主産地はインド、チェコ、アメリカなど。

◆化学組成式：$Ca_2Al(AlSi_3O_{10})(OH)_2$
◆　色　：無～淡緑
◆条　痕：白
◆光　沢：ガラス～真珠
◆劈　開：一方向に完全

硬度　6～6.5

比重　2.9

09

直方・単斜晶系
珪酸塩鉱物

マスカットグリーンのおいしそうな鉱物
ぶどう石（せき）

CHECK!

ぶどう状の結晶形

ぶどう石の結晶が針状や四角板状で産出することは稀で、たいていはそれらの微小結晶が放射状に集まり、丸みを帯びたぶどう状かさんご状になる。（†ナミビア・ゴボボセブ山）

↑ぶどう石の球状塊。（†マリ共和国カイ州）

無色や緑色にもなるぶどうに似た鉱物

ぶどう石（せき）はアルミニウム珪酸塩鉱物だ。英語名では「プレーナイト」といい、発見者のオランダ陸軍大佐ヘンドリク・フォン・プレーンにちなむ。和名のほうが、形状にあっていて覚えやすい。

無色にもなるが、多くのぶどう石に見られるこの美しいマスカットグリーンは、アルミニウムの一部が鉄で置換されて黄緑色・淡緑色となったものだ。透き通った発色の美しい石はカボション・カットで研磨されて宝飾品にもされるが、小さな集合体だけでも人気がある。主産地は、アメリカ、インド、ナミビアなど。

◆化学組成式：TiO_2
◆　色　：赤、褐、黒
◆条　痕：淡黄褐
◆光　沢：ダイヤモンド～金属
◆劈　開：二方向に明瞭

硬度　6～6.5
比重　4.2

正方晶系
酸化鉱物

10

黄金色に輝く針状集合体

太陽ルチル

鉱物▼ルチル

↑ルチルを含有した針入り水晶。（†ブラジル・バイーア州ノボオリゾンテ）

CHECK!

ルチルの結晶

微細な針状結晶の集合体が黒色の赤鉄鉱から放射状に伸びている。（†ブラジル・バイーア州ノボオリゾンテ）

放射状に伸びた結晶が太陽のように輝く

ルチルは装飾品としても鉱石としても幅広い用途がある鉱物だ。普通は柱状結晶だが、粒状、塊状、針状にもなりやすい。なかでも黄褐色や黄金色の光沢を放つ針状集合体は俗に「太陽ルチル」と呼ばれている。板状の赤鉄鉱を基盤に双晶して放射状に伸びたルチルが、まさに太陽のように見えるのだ。

また、ルチルは鉱物の中の含有物（インクルージョン）としても見られる。微小な針状結晶がルビーやサファイア、石英の中に入ることがある。針状結晶のルチルが水晶に入り込んだものは「針入り水晶」という。

◆化学組成式：$Zn_4(Si_2O_7)(OH)_2 \cdot H_2O$
◆　色　：無～白、淡青、淡緑、淡黄など
◆条　痕：白
◆光　沢：ガラス
◆劈　開：二方向に完全

硬度　5
比重　3.5

直方晶系
珪酸塩鉱物

11

結晶の両端の形状が異なる 異極鉱（いきょくこう）

CHECK!

異極鉱の結晶

異極鉱の結晶は、一方の先端は尖り、もう一方は平らな形をしている。（†メキシコ・ドゥランゴ州オハエラ鉱山）

➡繊維状結晶が集合したもので、皮状やぶどう状にもなる。（†中国雲南省文山麻栗坡）

上半部は尖り下半部は平らな結晶に

異極鉱（いきょくこう）は、結晶の上半部と下半部の形が異なる代表的な鉱物だ（電気石（でんきせき）にも見られる）。これは異極晶と呼ばれるもので、異極鉱の場合は、結晶の一方の先端が尖っているのに対し、もう一方が平らになっている。

異極晶は普通、結晶の下部が母岩に着床して隠れてしまうため、先端しか見ることができない。だが、多くの結晶を見ていくと先端の結晶形が異なるものがあるので異極晶だとわかることもある。異極鉱は、不純物の銅を含んで青色になって産することもあり、観賞しても楽しい鉱物だ。

column

毒をもつ鉱物

人体に害をもたらす鉱物毒とは？

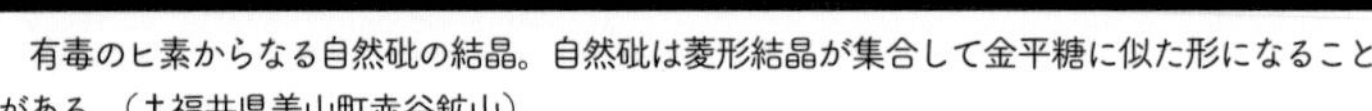

有毒のヒ素からなる自然砒の結晶。自然砒は菱形結晶が集合して金平糖に似た形になることがある。（†福井県美山町赤谷鉱山）

写真は金平糖石（こんぺいとうせき）とも呼ばれる自然砒（しぜんひ）の結晶だ。金平糖というと甘くておいしそうに聞こえるが、いわずと知れた有毒のヒ素鉱物である。

特にヒ素化合物の亜ヒ酸は古来、毒薬として知られてきた。ヒ素成分を含む化合物はすべて毒になるのだ。ヒ素は人間の体内の酵素と結合しやすく、その活動を阻害する働きがある。除草剤や殺鼠剤（さっそざい）などに使われたこともあるが、強い毒性があるため使用を制限している国は多い。

ヒ素鉱物以外にも人体にとって害のある鉱物はある。例えば、綿状の石綿（いしわた）は代表的な有害鉱物だ。かつては、耐熱性・耐久性などに優れた「魔法の鉱物」と呼ばれて幅広く利用されたが、加工・廃棄した際に舞う粉塵（ふんじん）が肺に沈着・蓄積すると、肺がんを誘発することが判明しているからだ。

一方、鉛はヒ素同様、本来、人体にとっては微量必須元素のひとつで、血液の生産や生殖活動などに必要だ。だが、毎日数ミリグラムの鉛が体内に入ると中毒症状が現れる。実際、1970年代に有鉛ガソリンの排ガスによる汚染が問題になったほどだ。

毒性がある鉱物といえば水銀も有名だが、例えば体温計に使われている無機水銀は、さほど危険ではない。水銀は気化して水銀蒸気になると危険で、肺から吸収されてしまうため毒性は高くなる。また、メチル水銀などの有機水銀化合物は、水俣病のような公害を引き起こした危険な物質だ。

PART 2

色彩が美しい鉱物

鉱物を楽しむ指標のひとつになるのが「色」だ。鉱物は光の作用や含有する微量の不純物により、多彩な色を呈することがある。色鮮やかな鉱物は、ときに宝飾品にもなるほどだ。また、鉱物顔料は、人類が自然界の色を現前に再現することができた最初期の技術でもある。本章では、色彩豊かな鉱物と光学的な面白さがある代表的な鉱物を紹介しよう。

◆化学組成式：CaF_2
◆色　　：無、灰、紫、緑、ピンク
◆条　痕：白
◆光　沢：ガラス
◆劈　開：四方向に完全

硬度　4
比重　3.2

立方晶系
ハロゲン化鉱物

01

蛍石（ほたるいし）

紫外線を当てると青く光る

CHECK!

蛍光する結晶

石によって個体差はあるが、蛍石は蛍光しやすい鉱物だ。写真の標本はナミビア国境に近いオレンジ川流域の八面体結晶群で青色に蛍光する。（†南アフリカ・リームファスマーク）

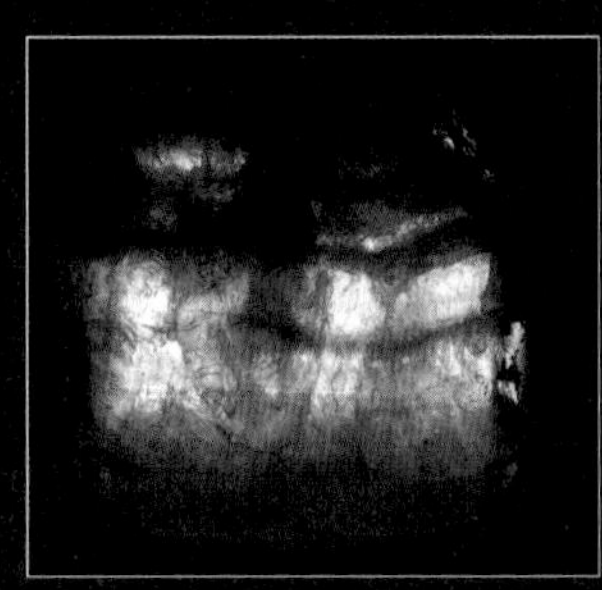

➡色の変化に富む蛍石は、さまざまな色がひとつの結晶の中で縞状に見られることもある。こうした蛍石は研磨・カットされて、アクセサリーにされる。（†アルゼンチン・コルドバ）

フッ素の原料として重要な蛍光する鉱物

蛍石は、広く世界に産出する鉱物である。熱したり紫外線を当てたりすると蛍光を発する（ただし、実際に加熱すると、砕け散ることがあるので注意）。

蛍石は、フッ素の原料鉱物としても重要だ。フッ素は元素中で最も反応性が高い。これは他の元素と化合した場合、極めて安定した物質になることを意味する。水や油をはじくフッ素樹脂加工製品、製鉄の溶剤、歯磨き剤のほか、蛍石はガラスに比べて屈折率・色収差（色分散）が非常に小さいため、合成結晶が高性能光学レンズに活用される。

◆化学組成式：$BeAl_2O_4$
◆色　　：黄緑〜緑
◆条　痕：白
◆光　沢：ガラス
◆劈　開：二方向に明瞭

硬度　8.5（0〜10）
比重　3.8（0〜10）

直方晶系
酸化鉱物

02

光の種類で色が変わる宝石
アレキサンドライト

鉱物▼金緑石

CHECK!

色を変える鉱物

アレキサンドライトはクロムを含むことによって、光の種類で色を変える金緑石の宝石名だ。（大英自然史博物館標本）

➡双晶した金緑石。金緑石は黄緑色の粒として産出したり、双晶した柱状結晶がそろばん玉のような形になることがある。（†ブラジル）

太陽光下と白熱灯下で異なる色に見える

アレキサンドライトは、光源によって色が変わる金緑石（きんりょくせき）の宝石名だ。1830年頃、ロシアのウラル山脈で発見された日がロシア皇帝アレクサンドル2世の誕生日であったことからアレキサンドライトと名づけられた。主にブラジル、スリランカから産出する。

太陽光の下では緑色、白熱灯の下では赤色に見える特性がある。これは鉱物に含まれる微量のクロムが、光のエネルギーの違いによって色を変えているのだ。カボション・カットして光の筋が現れるものは、キャッツアイと呼ばれる宝石にもなる。

◆化学組成式：HgS
◆　色　：深紅
◆条　痕：紅
◆光　沢：ダイヤモンド～亜金属
◆劈　開：三方向に明瞭

三方晶系
硫化鉱物

03

辰砂（しんしゃ）

不老不死の薬と信じられた神秘の鉱物

⬆塊状の辰砂。表面にはきらきらした水銀の粒が付着している。水銀は普通、辰砂と共生することが多く、常温下では液体で見られる鉱物だ。（†スペイン・アルマデン／大英自然史博物館標本）

古来、珍重されてきた水銀の鉱石鉱物

辰砂（しんしゃ）は、古代中国の辰州（現在の湖南省付近）で多く採れたことに由来する硫化水銀鉱物だ。日本では「丹（に）」（たん）」と呼ばれ、「魏志倭人伝」の邪馬台国の記述にもこの言葉が出ている。「丹生（にう）」などの日本で丹のつく地名は、ほとんどが辰砂の産地を意味し、水銀や顔料の原料として珍重されてきた。辰砂の顔料は、奈良の高松塚古墳にも使われていると考えられている。

古代中国では不老不死の薬であると考えられ、粉末が飲まれたり、棺の防腐剤として塗布された。道教では、辰砂を原料とする丹薬を調合する錬丹術が発達した。

◆世界の鉱物遺産

ポンペイ遺跡の秘儀荘

紀元 79 年に火山噴火により壊滅したポンペイには辰砂を含む顔料が使われたと思われる壁画が残されている。そのひとつが秘儀荘だ。ローマでは禁止されていた「デュオニュソスの秘儀」にまつわる壁画が描かれた邸宅である。ただし、もともと黄色だった背景が、噴火により赤色に変わったのだという新説も登場している。

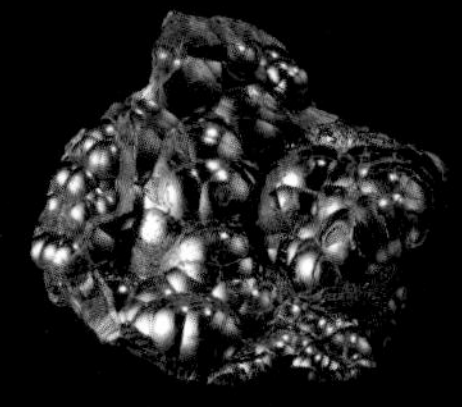

↑濃い赤色の顔料として使われた赤鉄鉱。辰砂以外の赤色系顔料だ。（†モロッコ・アトラス山）

↑白色の母岩にのった辰砂の結晶。結晶は菱形のものが多く、双晶しやすい。（†中国貴州省銅仁市雲場坪鉱山）

↑オレンジ～朱色の顔料として使用された鶏冠石。（†ペルー・パロモ鉱山）

現在では水銀には毒性があることがわかっているが、殺菌作用があり金属の精錬にも役立つため、辰砂は水銀原料として19～20世紀に盛んに採取された。メチル水銀のような有機水銀化合物ほど強い毒性はないものの、気化した水銀が肺から吸収されると呼吸困難や肺水腫などを起こし、死に至ることがある。精錬は危険を伴うものだったのだ。

辰砂は熱水鉱脈として火成岩中に見られるほか、変成マンガン鉱床からも少し産出する。結晶は菱面体か、それらが双晶した形になるが、塊状で産することもある。主産地はアメリカ、スペイン、イタリア、ペルー、中国など。特にスペイン中部のアルマデン鉱山は紀元前から採掘が続き、今なお産出することで有名だ。

◆化学組成式：$Cu_2(CO_3)(OH)_2$
◆　色　：緑
◆条　痕：淡緑
◆光　沢：ダイヤモンド、絹糸、土状
◆劈　開：一方向に完全

硬度　3.5～4

比重　4.0

単斜晶系
炭酸塩鉱物

04

孔雀石

クジャクの羽に似た美しい模様

銅鉱床の空隙にできたぶどう状の結晶を研磨した孔雀石の断面。（大英自然史博物館標本）

顔料の岩緑青として使われてきた

孔雀石は、クジャクの羽のように美しく鮮やかな緑色にちなんだ名前だ。英名のマラカイトも、やはり緑色のアオイ科植物を意味するギリシア語に由来する。

特に、ぶどう状に成長した結晶を磨くと、まさにクジャクの羽のような同心円状の縞模様が現れて、装飾品としても好まれる。

黄銅鉱などを含む地表付近の鉱床の酸化帯で普通に見られる鉱物で、群青色の顔料になる藍銅鉱と共生していることがよくある。いずれも二酸化炭素と水が銅の成分に反応してできたもので、銅化合物特有の美しい発色を示す。

◆世界の鉱物遺産

孔雀石の間

ロシアのウラル山地から採掘された2トンもの孔雀石が使われたエルミタージュ美術館（冬宮）には「孔雀石の間」がある。ニコライ1世が皇妃のためにつくらせた部屋で、柱や花瓶などの調度品に孔雀石がふんだんに使われている。19世紀のウラル山地は孔雀石が盛んに採掘されたが、ほぼ取り尽くされてしまった。

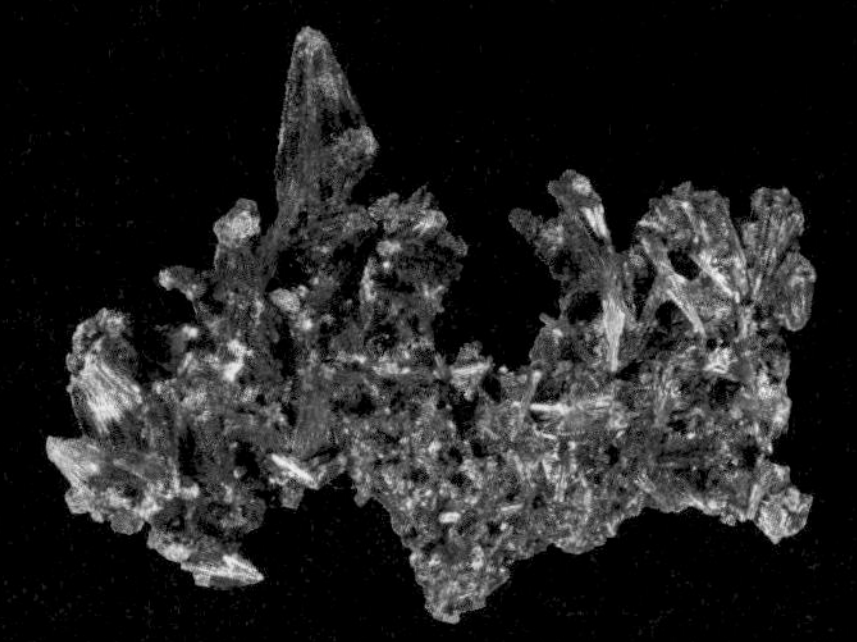

↑針状結晶が集合した孔雀石。（†コンゴ民主共和国カタンガ）

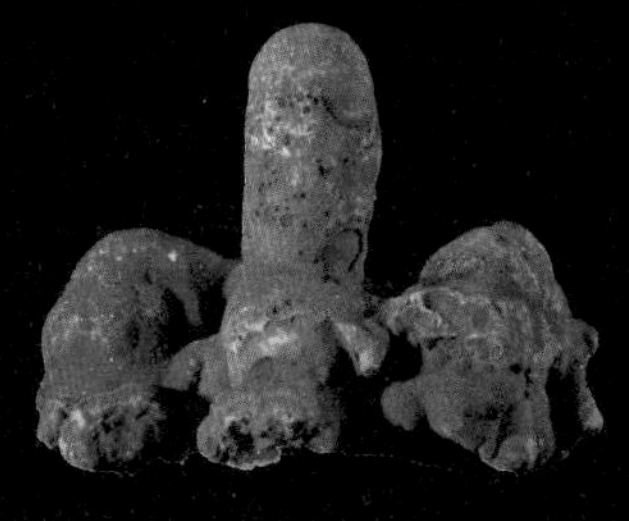

↑孔雀石の微細な結晶が岩の割れ目からしたたり落ちて鍾乳石のような形に成長したもの。（†コンゴ民主共和国カンボベ地区）

少なくとも３０００年以上前から銅を採るための鉱石として利用されてきたが、顔料や装飾品としても大いに利用されてきた。古代エジプトでは、クレオパトラが粉末の孔雀石をアイシャドーに使ったといわれているし、日本でも青丹、すなわち「岩緑青」として顔料に使われてきた。

緑青という銅にできる錆のことだが、孔雀石と同じ成分なのだ。長らく毒があるとされてきたが、その毒性は銅鉱物に含まれるヒ素のせいであり、緑青そのものには毒がないことがわかっている。

孔雀石の主要産地はコンゴ、アメリカ・アリゾナ州、ナミビアなどだが、ロシアのウラル山地もかつては巨大な鉱塊が産出したことで有名だ。

◆化学組成式：$(Ca,Na)(Si,Al)_4O_8$
◆　色　：青、灰、白など
◆条　痕：白
◆光　沢：ガラス
◆劈　開：二方向に完全

三斜晶系
珪酸塩鉱物

05

光が干渉して虹色に見える
ラブラドライト

研磨・切断面

CHECK!

ラブラドル効果

光の干渉によって鉱物が虹色に輝く現象をラブラドル効果と呼ぶ。屈折率の異なる層が規則正しく重なっているために起きる。（†マダガスカル・トゥリアラ・ベキリ）

←研磨されたラブラドライトは見る方向によって光り方が異なる。（†マダガスカル）

研磨された表面が虹色に輝く！

ラブラドライトは1770年にカナダのラブラドール半島の海岸で発見されたことから名づけられた暗灰色の鉱物だ。研磨された表面は角度を変えて見ると、青色や黄色などの虹色に輝く。この光学現象はラブラドル効果という。

ラブラドライトは斜長石の一種で、曹長石と灰長石の2種類の成分からなる固溶体だ。内部に屈折率の異なる層が重なりあうため、光の干渉が起きて虹色が発生すると考えられている（赤鉄鉱や磁鉄鉱などの不純物が含まれているせいだとする説もある）。主産地はカナダ、マダガスカル。

◆化学組成式：As_2S_3
◆　色　：黄～褐黄
◆条　痕：淡黄
◆光　沢：樹脂
◆劈　開：一方向に完全

硬度　1.5～2
比重　3.5

単斜晶系
硫化鉱物

石黄（せきおう）

黄色の顔料が採れた硫化鉱物

鶏冠石の赤色柱状結晶

白色透明の重晶石

CHECK!

鶏冠石の結晶

鶏冠石と石黄はヒ素と硫黄でできていて、共生することが多い。かつては鶏冠石が雄黄と呼ばれたが、現在は石黄が雄黄と呼ばれることがある。（†ペルー・キルビルカ鉱山）

←光沢のある石黄の劈開片。大きなものだと曲げることもできる。（†ロシア・ベルホヤンスク）

鶏冠石と一緒に産する美しい黄色の鉱物

石黄（せきおう）は古来、黄色の顔料として使われてきた鉱物だ。奈良時代までは中国の呼び方にならい、赤い鶏冠石（けいかんせき）が雄黄（ゆうおう）、石黄が雌黄（しおう）と呼ばれた。中世のヨーロッパで盛んに用いられたが、石黄はヒ素と硫黄の化合物。毒性のあるヒ素を含むことがわかってからは、別の合成顔料に置き換えられた。石黄は除草剤や殺虫剤など亜ヒ酸の原料にされている。

火山の昇華物、温泉沈殿物としてよく見られる鉱物で、微細な結晶が集合して皮状、鍾乳状などの形をとる。主産地は、アメリカ、スイス、ロシア、ペルーなど。

◆化学組成式：$(Na,Ca)_8Si_6Al_6O_{24}[(SO_4),S,Cl,(OH)]_2$
◆　色　：濃青～緑青
◆条　痕：明青
◆光　沢：ガラス
◆劈　開：なし

硬度　5～5.5　（0　5　10）

比重　2.4　（0　5　10）

立方晶系
珪酸塩鉱物

07

シルクロードを経て日本にも伝来した ラピスラズリ

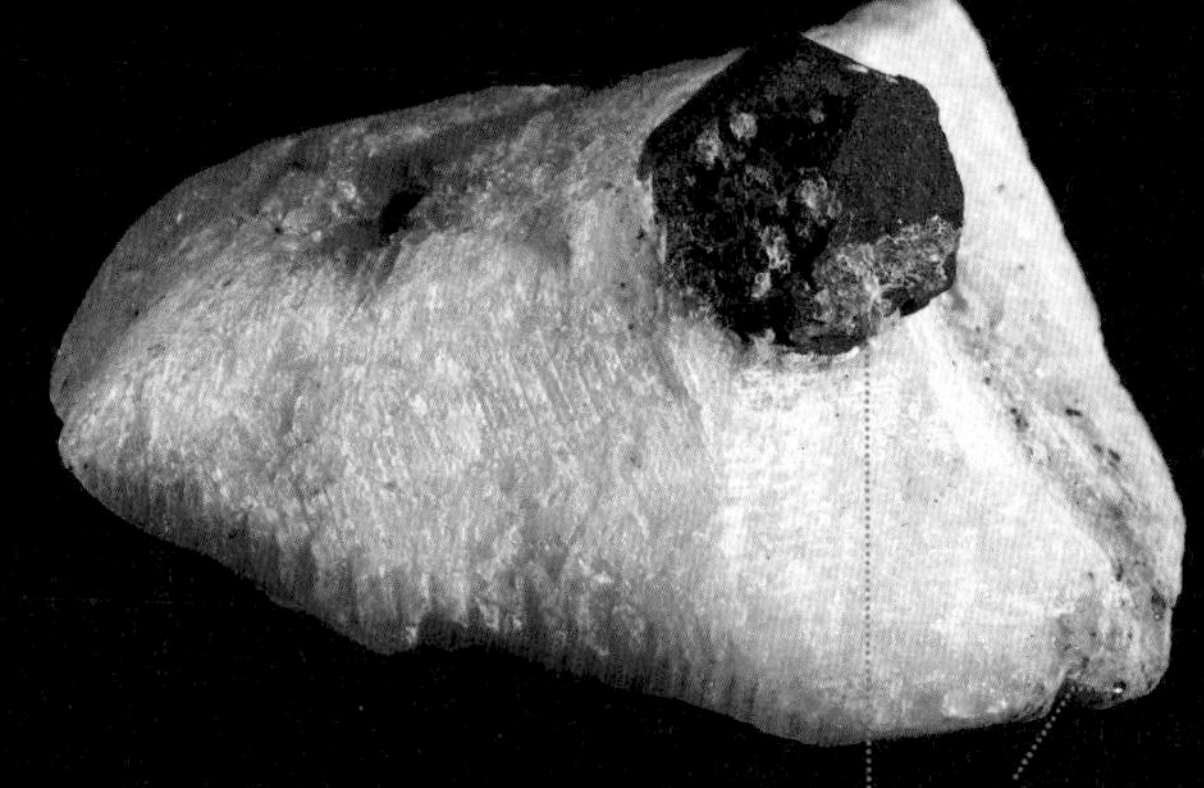

CHECK!

ラピスラズリの結晶

十二面体の結晶。多くは塊状だが、アフガニスタン北東部からは良質の結晶形を示す標本が産出する。（†アフガニスタン・バダフシャン）

←ヨハネス・フェルメールの「真珠の耳飾りの少女」（1665年頃）。ターバンにラピスラズリを原料としたウルトラマリンが使われた。

宝飾品とされてきた歴史の古い鉱物

ラピスラズリは研磨して宝石に、粉末にして顔料のウルトラマリンにもなる鉱物だ。方ソーダ石など数種類の鉱物を含んだ固溶体で、主要成分の青金石が含有する硫黄により、鮮やかな青色が現れる。

紀元前4000年頃から古代メソポタミアで装飾品として用いられると、古代エジプトのツタンカーメン王のマスクにも使われ、その後はシルクロードを経て日本にも伝来。正倉院には紺玉帯と呼ばれるラピスラズリのベルトが収蔵された。主産地はアフガニスタンのほかロシア、チリなど。日本では産出しない。

◆化学組成式：$Cu_3(CO_3)_2(OH)_2$
◆　色　：藍青
◆条　痕：青
◆光　沢：ガラス、土状
◆劈　開：一方向に完全

硬度　3.5～4　（0　5　10）
比重　3.8　（0　5　10）

単斜晶系
炭酸塩鉱物

08

藍銅鉱（らんどうこう）

群青色の顔料になる貴重な鉱物

CHECK!

藍銅鉱の柱状結晶

藍銅鉱の小さな柱状結晶が集合している。藍色以外の塊状部分には、孔雀石に変質してしまった暗緑色の結晶が見える。（†モロッコ・トゥイシ）

尾形光琳筆　燕子花図（かきつばたず）
（江戸時代）
←18世紀に描かれた尾形光琳の屏風には、カキツバタの花の部分に群青が、葉の部分には緑青が使われている。
（根津美術館所蔵）

岩緑青よりも高価な岩群青の鉱物

藍銅鉱（らんどうこう）（アズライト）は「青」を意味する鉱物で、銅鉱床の酸化帯に産する。板状や柱状の結晶形を示すが、多くは塊状で、長い間に水分が加わり炭酸が抜けると、孔雀石（くじゃくせき）に変質する。孔雀石と一緒に見られることが多いが、産出量は孔雀石ほど多くはない。

硬度が低い藍銅鉱は砕きやすく、マウンテンブルーとも呼ばれる岩群青の顔料になる。ラピスラズリを産出しない日本では顔料として利用されてきたが、精製が難しいため岩緑青の10倍の価値で取り引きされた。主産地はアメリカ、ナミビア、チリなど。

◆化学組成式：SiO_2
◆　色　：無～白、黄、ピンク、紫、緑、褐黒など
◆条　痕：白
◆光　沢：ガラス
◆劈　開：なし

硬度　7

比重　2.7

三方晶系
珪酸塩鉱物

09

水晶

鉱物▼石英

宝飾品として人気がある色つき水晶

⬆火山岩の空隙に産したアメシスト（紫水晶）。アメシストは、ギリシア神話で月の女神ダイアナに仕えていた処女の名前に由来する。白い石に姿を変えたアメシストは、酒神バッカスにぶどう酒をかけられて紫色の石に変じたのだ。（†ウルグアイ・アルティガス）

⬅紅石英。ごく稀に六角柱状の結晶形を示す紅水晶も産出する。

色と形の変化に富み最も愛される鉱物

石英は岩石中に最もよく見られる鉱物だ。ほとんどが不定形だが、透明や白色の肉眼で見える自形結晶を「水晶」と呼ぶ。双晶のように結晶形が美しいものや別の鉱物を含有した水晶もあるが、装飾用として一般的に人気があるのが色つき水晶だ。

色つき水晶は不純物を含んで発色している。宝石のアメシスト（紫水晶）は、ケイ素の一部が鉄イオン（Fe^{3+}）に置き換わったもので、ブラジル、ウルグアイ、メキシコが産地として有名だ。

アメシストを加熱すると黄色になることから、熱処理品がシトリン（黄水晶）とされ

◆世界の鉱物遺産

レンソイス・マラニャンセス国立公園

ブラジル東部の海岸地域に広がる白濁した砂は石英だ。あまりにも石英が多いため、砂が白い。河口に堆積した石英が長い時間をかけて内陸側に運ばれて砂丘になり、雨季には、砂丘の谷間にターコイズブルーの湖ができて、美しい景観を見ることができる。

⬆水晶の双晶にはいくつかのタイプがあるが、写真はハート形に双晶した「日本式双晶」と呼ばれるものだ。平板状のふたつの水晶が、約84°30'の角度で接合する。山梨県乙女鉱山、長崎県五島市奈留島などが産地として有名。（✝山梨県山梨市牧丘町乙女鉱山／櫻井標本）

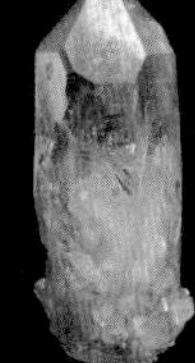

⬆六角柱状の黄水晶。（✝ザンビア・マンサ地区）

⬆六角柱状の煙水晶。（✝スイス・ボーダーガルミホルン）

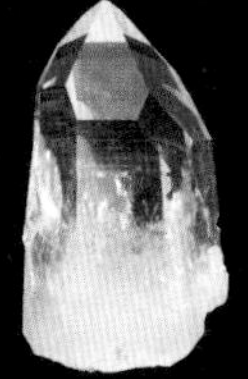

⬆六角柱状の水晶。（✝コロンビア・ペーニャブランカ鉱山）

⬅柱面が短い両頭の天然水晶は、良質多産の産地名をとって「ハーキマーダイヤモンド」とも呼ばれる。透明感が高く、ダイヤモンドのように輝く。（✝アメリカ・ニューヨーク州ハーキマー郡）

ることもある。天然シトリンは希少なうえに良形のものが少ない。このほかにも、アルミニウム・イオンを含んで天然の放射線を浴びたとされるスモーキークォーツ（煙水晶）、主に超微細な含有ルチルの粒が光を散乱させて発色しているとされるローズクォーツ（紅石英）などがある。

ガラスと水晶の違いは複屈折の有無でわかり、人工水晶との違いは赤外線吸収スペクトルで判別できる。人工水晶というと「偽物」というイメージをもたれがちだが、クォーツ時計には欠かせない重要な電子部品だ。水晶は電圧がかかると結晶内部が歪み、規則的に伸び縮みする。クォーツ時計はこの性質を活用しているのだ。

◆化学組成式：$CaCO_3$
◆　色　：無〜白、灰、黄、青、ピンクなど
◆条　痕：白
◆光　沢：ガラス
◆劈　開：三方向に完全

硬度　3
比重　2.7

三方晶系
炭酸塩鉱物

10

方解石（ほうかいせき）

文字が二重に見える不思議な石

CHECK!

透明の方解石

写真は、印字された紙の上に置いた透明方解石の劈開片だ。鉱物は、それぞれ決まった屈折率をもつため、その違いを測定して鉱物を判別することもできる。（†ブラジル）

➡方解石の板状結晶が集合したもの。結晶形は変化に富む。（†アメリカ・アリゾナ州ヤバパイ郡）

屈折率が高く結晶の姿もさまざま

方解石（ほうかいせき）は石灰岩（せっかいがん）を構成する炭酸カルシウムの鉱物で、最もありふれた鉱物のひとつだ。金属鉱床の脈石としても、石英（せきえい）に次いで多く産する。

結晶形は変化に富み、単純な菱形や犬牙（けんが）状から複雑な双晶までさまざまある。透明な方解石を文字の上に置くと、文字が二重に見える「複屈折」もよく知られている。光が結晶を通過すると、光の振動方向が互いに直交するふたつの異なる光として出てくる。多くの鉱物は複屈折性をもつが、方解石はその程度が大きい。屈折率は、偏光顕微鏡などで鉱物を区別する手段にもなる。

◆化学組成式：$NaCaB_5O_6(OH)_6 \cdot 5H_2O$
◆　色　：無〜白
◆条　痕：白
◆光　沢：ガラス〜絹糸
◆劈　開：一方向に完全

硬度　2.5（0　5　10）

比重　2.0（0　5　10）

三斜晶系
硼酸塩鉱物

11

表面に文字が浮き出て見える石
テレビ石

鉱物▼ウレックス石（曹灰硼石）

⬆人工のウレックス石を文字の上にのせると、表面に反射した文字がきれいにうつる。この現象はグラスファイバー効果と呼ばれる。

CHECK!

繊維状の結晶

グラスファイバー効果があるウレックス石の繊維状結晶（天然標本）。天然の結晶は、アメリカやトルコなど、ごく限られた場所でしか採掘されない。（⬆アメリカ・カリフォルニア州ボロン）

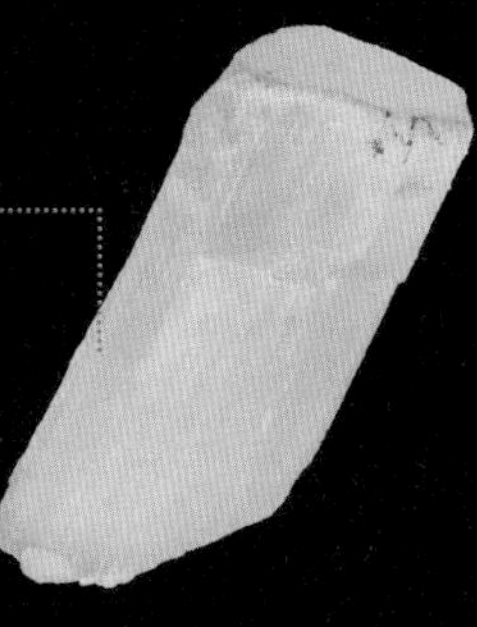

光ファイバーの働きをする繊維状の結晶

ウレックス石は「テレビ石」とも呼ばれる。断面が磨かれた石を文字の上に置くと、その表面に文字が浮き出て見えるからだ。ナトリウム（曹）とカルシウム（灰）とホウ素（硼）を含む鉱物であることから曹灰硼石とも呼ばれる。

では、なぜ文字が浮き出て見えるのか。ウレックス石は繊維状結晶が同じ角度で隙間なく並んでいる。光がその断面を通過すると、その結晶の角度に沿って光をそのまま反射するからだ。そう、光ファイバーの原理と同じなのだ。

主産地はアメリカ、トルコ、ペルー、チリなど。

Column

驚異のパエジナ石とは？

風景に見える石

イタリア・トスカーナ州から産出したパエジナ石。その断面は、まるで荒涼とした大地のような模様をしている。

イタリア・トスカーナ州の北アペニン山麓からは、砂漠の風景や都市の廃墟に見える風変わりな模様の石灰岩（かいがん）が産出する。これは「パエジナ石」などと呼ばれ、特に17世紀には芸術品として収集されたり、この石の上に人物などを描いた絵が流行したりした。

産出する場所が限られているため日本国内でこそ商品としても見かけることはあまりないが、現在でもイタリアやフランスの鉱物標本店などでは、比較的求めやすい価格の小さな標本や、高額の美術的な標本を見ることができる。

こうした風景に見えるパエジナ石や瑪瑙（めのう）の類いは、いずれも自然が生み出した偶然の産物である。だが、古くから人々の空想をもかきたててきた。例えば、13世紀に『鉱物論』を著したドイツの神学者アルベルトゥス・マグヌスは、星が大地に影響を及ぼしたために絵のある石が産出したと考えた。鉱物に象徴的な力の作用を見いだす風土は、古代中世から連綿と続いて現代のパワーストーンに至る。

鉱物を切断・研磨したときに現れる驚異の模様はほかにもさまざまな鉱物に見られ、コレクターに愛好されている。菱（りょう）マンガン鉱、孔雀石（くじゃくせき）、チャロ石、ヴァリッシャー石、ラブラドライト、ソーダ珪灰石（けいかいせき）（ラリマー）、セラフィナイト、タイガーアイなどは、研磨面が強い光沢と流麗華美な石目模様を見せてくれることがあり非常に人気がある。

PART 3

レアメタルが採れる鉱物

観賞するための鉱物があれば、消費するための鉱物もある。特に、産業に不可欠だが希少な金属は「レアメタル」と呼ばれ、その金属を含む鉱床が国家間の熾烈な資源開発競争を引き起こしている。本章では、経済産業省が定めるレアメタルのうち、鉱物なくしては語ることができない元素を中心に選んだ。いずれも現代生活に欠くことができない鉱物ばかりである。

◆番　号：3
◆原子量：6.94
◆密　度：0.534g/cm^{-3}
◆融　点：180.5℃
◆主要埋蔵国：ボリビア、チリ、アルゼンチン

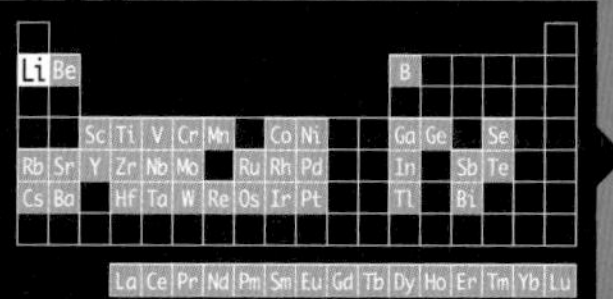

Li Lithium 01

リチウム

ボリビアの塩湖が世界の埋蔵量の半分を占める！

鉱石▼ペタル石、リチア輝石など

↑大規模なリチウムを埋蔵するボリビア西部に広がるウユニ塩原。乾燥させて食塩をつくるための無数の小山が並ぶ。

↑鉱石のリチア輝石。宝石にもされ、ピンク色はクンツァイト、黄緑色はヒデナイトと呼ばれる。（†アフガニスタン・ダラエピーチ）

↑リチウムは、1817年にペタル石から発見された。（†ブラジル・サンパウロ州タクアラウ）

リチウムイオン電池で需要があるレアメタル

リチウムは軽くて柔らかい金属で、ペタル石から発見された元素だ。ボリビアのウユニ塩原は、世界のリチウム埋蔵量の半分を占めるともいわれ、世界的に注目を集めている。リチア輝石、リチア雲母、リチア電気石などの鉱石や、ウユニのように大陸が隆起してできた塩湖鹹水から回収される。

リチウムは工業的に重要なレアメタルで、自動車やパソコン、心臓のペースメーカーなどで働くリチウムイオン電池をはじめ、ホウロウやガラスをつくるための融剤として幅広く利用されている。

◆番　号：22
◆原子量：47.87
◆密　度：4.54g/cm-3
◆融　点：1660℃
◆主要埋蔵国：中国、オーストラリア、インドなど

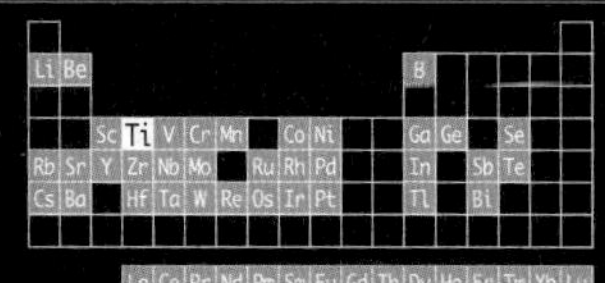

Ti
Titanium
02

チタン

アレルギーを起こしにくい金属

鉱石▼ルチル、チタン鉄鉱、鋭錐石など

↑鋭錐石（二酸化チタン）の結晶。（†ノルウェー・ハダンゲルヴィッダ）

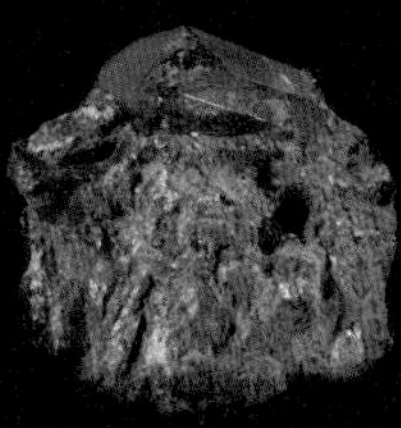

➡チタンの重要な鉱石鉱物であるルチルの柱状結晶。（†アメリカ・カリフォルニア州チャンピオン鉱山）

⬅1972年に打ち上げられたアポロ17号の司令船。ここにもチタン合金が使われた。

軽くて丈夫な錆びない金属

ギリシア神話の巨人タイタンにちなむチタンは、ルチル、チタン鉄鉱、鋭錐石（えいすいせき）などに含まれる。重さは鉄の約40パーセントだが、強度は鉄の2倍。その合金は軽くて丈夫なうえ、耐食性・耐熱性に優れている。

金属アレルギーを引き起こしにくいため白色顔料、日焼け止め、歯茎のインプラントに使用される。また、航空機エンジンや潜水艦、自動車部品などから一般家庭のフライパン、時計、食器、さらには絵の具や合成樹脂など用途は広範囲だ。フジテレビ本社の球体展望室や浅草寺・宝蔵門の屋根にも使われている。

◆番　号：23
◆原子量：50.94
◆密　度：6.11g/cm^{-3}
◆融　点：1887℃
◆主要埋蔵国：中国、ロシア、南アフリカなど

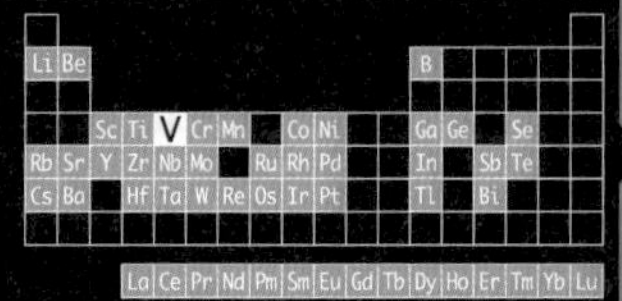

V
Vanadium

03

バナジウム

鉄鋼に添加されて、より強靭な金属を生み出す

鉱石▼バナジン鉛鉱など

⬆バナジウムの重要な鉱石鉱物であるバナジン鉛鉱。六角柱状の結晶形を示している。（†モロッコ・ミデルト・ミブラデン鉱山）

⬅短柱状の結晶が球状に集合したカバンシ石は明るい青色が特徴だ。バナジウムなどからなる鉱物だが、鉱石としては利用されず、もっぱら観賞用にされる。（†インド・マハラシュトラ州プネ）

少数国が独占する用途多彩なレアメタル

バナジウムは銀白色の金属で、普通の酸やアルカリなどには反応しないが、濃硝酸や濃硫酸、フッ化水素酸には溶ける。バナジン鉛鉱、カルノー石などの鉱物に含まれている。

主要産出国の南アフリカ、中国、ロシア、アメリカの4か国で、9割以上の生産量を占める。用途の8割以上が製鋼添加剤で、建設、化学、電気、電子などの分野で利用される。高層ビルの構造建材、自動車の車軸、スパナ、耐熱性ステンレス鋼などのほかにも合金、触媒、排ガス処理、塗料、電子素子、蛍光体など実に多岐にわたって使用されている。

◆番　号：24
◆原子量：52.00
◆密　度：7.19g/cm^{-3}
◆融　点：1860℃
◆主要埋蔵国：カザフスタン、南アフリカ、インド

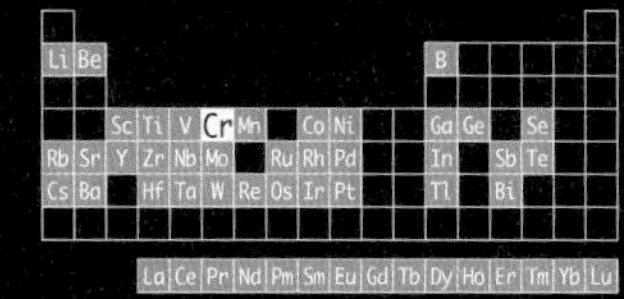

04

クロム

光沢を生み、耐食性に優れたレアメタル

鉱石▼クロム鉄鉱、紅鉛鉱など

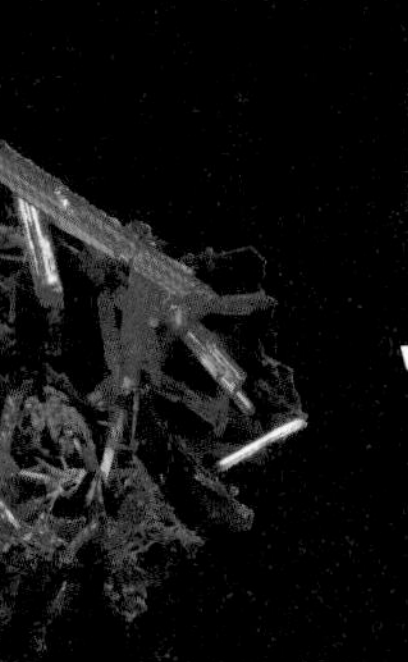

↑紅鉛鉱の柱状結晶群。溶剤やメッキに利用されるが、観賞用にも人気がある。（†オーストラリア・タスマニア島アデレード鉱山）

←緑色の灰クロム石榴石を伴ったクロム鉄鉱。クロムの重要な鉱石鉱物だ。（†熊本県八代市猫谷鉱山）

合金としてニクロム線やステンレス鋼になる

クロムは紅鉛鉱（こうえんこう）から発見された元素だが、鉱石として利用されるのは黒色塊状のクロム鉄鉱だ。クロムは耐食性・耐火性が強いためクロムメッキに利用されるほか、クロム・ニッケル・鉄の合金であるステンレス鋼が車両や家庭の流し台、包丁など身近なものに広く利用されている。電熱線として知られるニクロム線も、ニッケルとクロムの合金だ。

また、メッキに使われた六価クロム化合物は強い毒性をもち、深刻な土壌汚染を引き起こした。現在、使用は禁じられ、無害な三価クロムに代替されている。

◆番　号：25
◆原子量：54.94
◆密　度：7.44g/cm^{-3}
◆融　点：1244℃
◆主要埋蔵国：ウクライナ、南アフリカ、オーストラリア

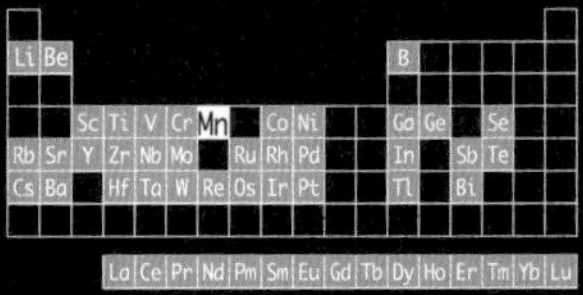

Mn
Manganese

05

電極材料として役立つレアメタル
マンガン

鉱石▼軟マンガン鉱、菱マンガン鉱

↑クロマニヨン人が酸化マンガンなどを用いて描いたラスコー洞窟の壁画（写真はレプリカ）。マンガンは古代から利用されてきた。

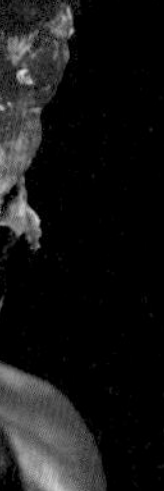

↑菱マンガン鉱の犬牙状結晶。鮮やかな赤～ピンク色は二価のマンガンイオンによる発色だ。（†南アフリカ／大英自然史博物館標本）

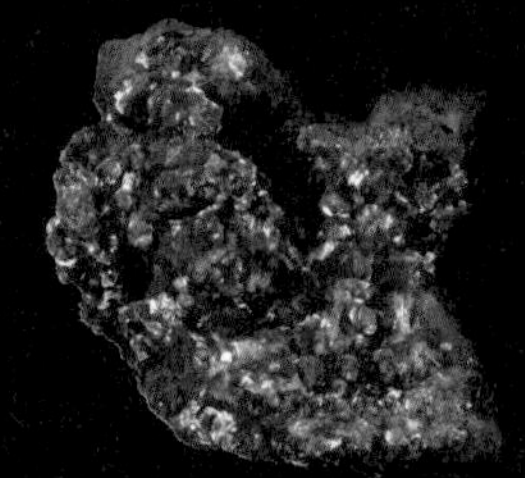

↑マンガンの重要な鉱石鉱物である軟マンガン鉱。標本は、光沢のある微細な針状結晶が集合したもの。（†スペイン・ムルシア・ハイチ鉱山）

深海底で大規模な鉱床が発見されている

マンガンは地中には豊富に存在するレアメタルで、軟マンガン鉱や菱マンガン鉱として産出する。深海底の熱水鉱床でもマンガンの団塊が発見されているが、資源としての回収にはまだ技術的な問題がある。

古くから黒色顔料として用いられた酸化マンガンは、1万7000年以上前のラスコー洞窟の壁画にも使われた。現在、マンガンは単体で使われることはほとんどなく、二酸化マンガンとして乾電池の正極のほか、アルミ缶、鉄との合金、鋼の添加剤として使われる。

◆番　号：28
◆原子量：58.69
◆密　度：8.902g/cm^{-3}
◆融　点：1453℃
◆主要埋蔵国：オーストラリア、ニューカレドニア、ロシア

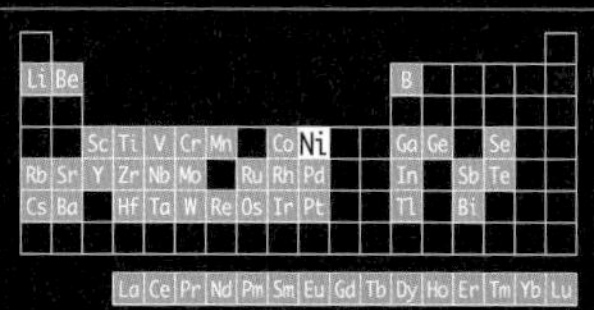

Ni
Nickel
06

「悪魔の銅」に由来する鉱物から発見された ニッケル

鉱石▼針ニッケル鉱など

⬆針状結晶が美しい針ニッケル鉱。（大英自然史博物館標本）

⬆アメリカ合衆国の5セント硬貨。ニッケルのみで鋳造されると5セント以上の価値に。

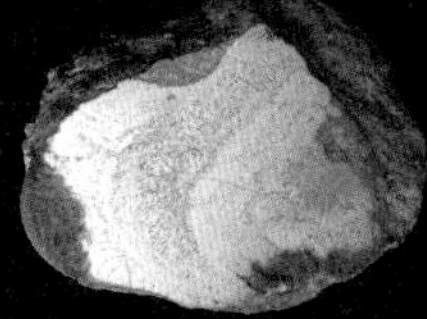

⬆銅に似ているが銅鉱石にはならないことから「悪魔の銅」と呼ばれた紅砒ニッケル鉱。（†兵庫県養父市大屋町夏梅鉱山）

硬貨のニッケルは純ニッケルではない

ニッケルは微粉末にすると発火しやすくなり、水素を吸収する性質がある。主にペントランド鉱や針ニッケル鉱から採れる備蓄レアメタルだ。防錆効果と、アルカリにもおかされにくい性質があることから、メッキされて真鍮を銀色にしたり、硬貨や車のバンパーによく使われている。普通は合金として電池などに利用されている。

アメリカの5セント硬貨は、俗に「ニッケル」と呼ばれる。だが現在では、実際の硬貨には4分の1しかニッケルは含まれておらず、残りの成分は銅である。

◆番　号：38
◆原子量：87.62
◆密　度：2.54g/cm^{-3}
◆融　点：769℃
◆主要埋蔵国：中国、スペイン、メキシコ

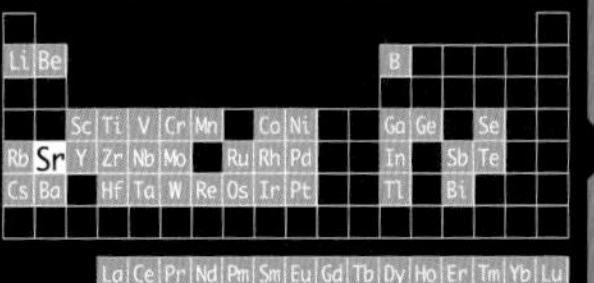

Sr
Strontium

07

花火や発炎筒に使われる ストロンチウム

鉱石▼天青石

⬆透き通った短柱状結晶を示す硫酸ストロンチウムの天青石。
（†マダガスカル・マハジャンガ州サコアニー鉱山）

⬅銀白色をしたストロンチウムの結晶。ストロンチウムは、元素が発見されたスコットランドのストロンチアン村に由来する。

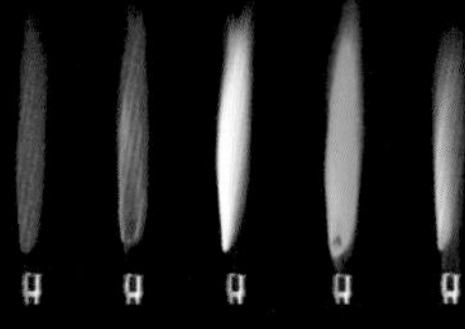

⬆炎色反応テスト。左からリチウム、ストロンチウム、ナトリウム、銅、カリウム。

放射性同位体は内部被曝を続ける！

ストロンチウムは、主に天青石から採取される。生産量は中国、スペイン、メキシコなどが多く、マダガスカルからは良質の結晶が産出する。

カルシウムと似た化学的性質があることから、ストロンチウムは人体の骨に蓄積されている。炎にかざすと美しい赤色の炎色反応を示す。花火や発炎筒に使われるほか、磁石材料などにもなる。

一方、放射性同位体のストロンチウム90は原子炉や核爆発により人工的につくられる。体内に取り込まれるとカルシウムに置き換わり、放射線を出し続ける危険な物質だ。

◆番　号：40
◆原子量：91.22
◆密　度：6.506g/cm^{-3}
◆融　点：1852℃
◆主要埋蔵国：オーストラリア、南アフリカ、ウクライナ

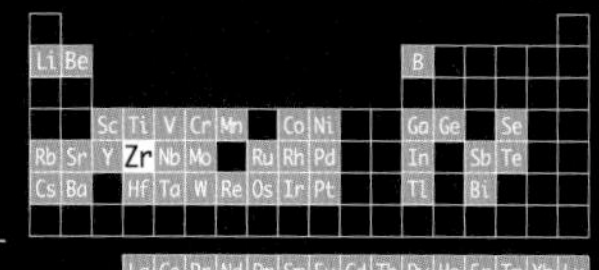

Zr
Zirconium
08

ジルコニウム

模造ダイヤモンドから地質年代測定にまで使われる

鉱石▼ジルコン

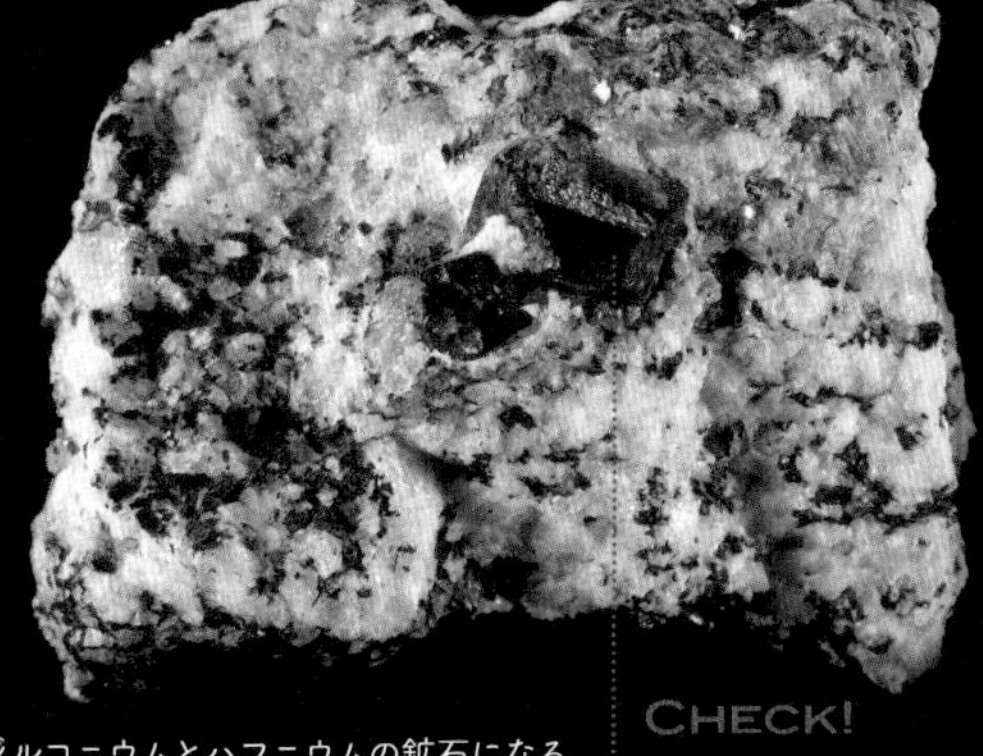

↑ジルコニウムとハフニウムの鉱石になるジルコン。（†アフガニスタン・ピーチ）

CHECK!

四角柱状の結晶

ジルコンは風化に強い石で、ウランやトリウムを含み、放射年代測定に使われる。ウランが崩壊して鉛に変化した量を調べることで、鉱物のできた年代がわかる。

←人工的につくられたキュービックジルコニア。紫外線で蛍光するので、ダイヤモンドと区別できる。

原子力産業に必要なレアメタル

ジルコニウムは、珪酸（けいさん）ジルコニウムのジルコンから発見された。ジルコンはヒヤシンス（風信子（ふうしんし））に似た色が多いことから、その和名をとって風信子石とも呼ばれる。

ジルコニウムは熱に強く、錆びにくい。また中性子を吸収しにくいので、原子炉の核燃料被覆管や人工骨などに使われる。また、二酸化ジルコニウムはキュービックジルコニア（CZ）とも呼ばれ、ダイヤモンドのイミテーションや宝飾品として活躍している。

ジルコンには原子炉制御棒や耐熱合金に利用されるハフニウムも含まれている。

◆番　号：42
◆原子量：95.96
◆密　度：10.22g/cm^{-3}
◆融　点：2617℃
◆主要埋蔵国：中国、アメリカ、チリ

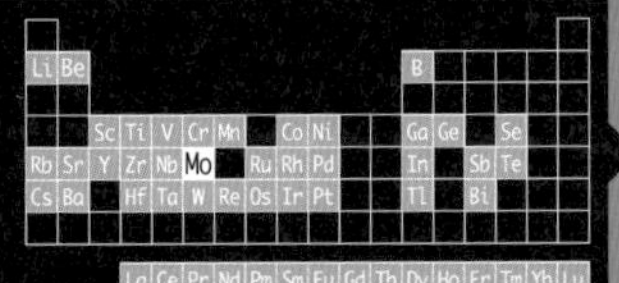

Mo
Molybdenum

09

モリブデン
硬くて変形しにくい鉄をつくる

↑融点が高くて硬度がある銀白色のモリブデン。人体にとっては必須微量元素のひとつで、造血を補助したり銅などの有毒成分を排泄する働きがある。

鉱石▼輝水鉛鉱など

↑輝水鉛鉱の六角鱗片状結晶。（†カナダ・ケベック・モリーヒル鉱山）

←モリブデン鉛鉱もモリブデンを含むが、鉱石としては重要ではない。（†アメリカ・アリゾナ州レッドクラウド鉱山）

輝水鉛鉱から製錬され硬い建材をつくる

モリブデンは輝水鉛鉱から製錬される元素で、「水鉛」とはモリブデンを意味する。日本では国家備蓄の対象とされるレアメタルだ。強度と耐熱性を増すために合金銅に添加される。また鉄鋼の添加剤として溶鉱炉に加えると、硬くて変形しにくい鉄をつくることができる。こうしてできた鉄鋼は自動車や飛行機、高層ビルの建材などに使われる。

輝水鉛鉱の主産地は中国、アメリカ、チリ、ペルーなどが有名だが、岐阜県の平瀬鉱山では、約20センチになる世界最大級の結晶が採れたこともある。

◆番　号：49
◆原子量：114.82
◆密　度：7.31g/cm^{-3}
◆融　点：156.6℃
◆主要生産国：中国、韓国、日本など

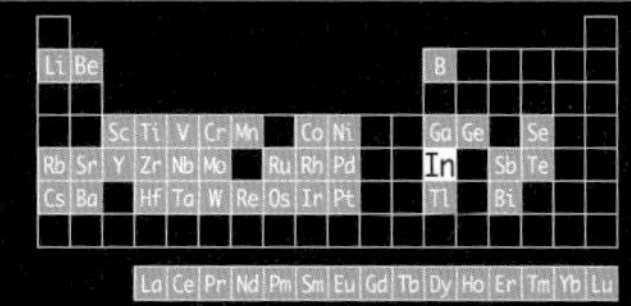

In
Indium

液晶・プラズマディスプレイの電極に使われる インジウム

鉱石▼閃亜鉛鉱など

↑インジウムの鉱物を含む閃亜鉛鉱。産出地の豊羽鉱山は、かつて世界の7割にもおよぶインジウム生産量を誇っていた。（†北海道札幌市豊羽鉱山）

←純粋なインジウムは、銀白色の柔らかい金属だ。普通は1キログラムの延べ棒として流通している。

鉱石がほとんどない亜鉛鉱石の副産物

　インジウムは融点が低い銀白色のレアメタルだ。鉱石がほとんどないため、閃亜鉛鉱などの亜鉛鉱石を製錬したときに副産物として採取される。日本国内では北海道の豊羽鉱山が世界最大のインジウム鉱床として知られていたが、残念ながら2006年から採掘は停止している。

　現在は中国が世界最大の生産量を誇り、日本はリサイクル回収を強化することで生産を保っている。インジウム化合物は導電性と透明性が高いことから、液晶やプラズマディスプレイの電極に使用されるなど、高い需要があるのだ。

◆番　号：51
◆原子量：121.76
◆密　度：6.691g/cm^{-3}
◆融　点：630.6℃
◆主要埋蔵国：中国、タイ、ロシア

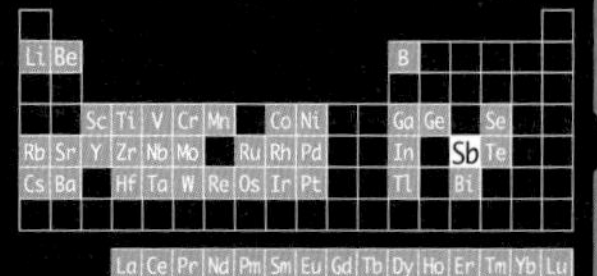

Sb
Antimony

11

アンチモン

有毒だが用途は多岐にわたる

鉱石▼輝安鉱など

↑銀白色の輝安鉱（硫化アンチモン）は、アンチモンの重要な鉱石鉱物だ。世界的なアンチモンの産地は圧倒的に中国で、約８割を占める。（†ルーマニア・バイアスプリエ）

◆世界の鉱物遺産

ワイオタプ地熱公園

ニュージーランドのワイオタプ地熱地域は、間欠泉がある温泉景勝地だ。鉱泉は、オレンジ色のアンチモン、赤色の酸化鉄、黄色の硫黄、緑色のヒ素などのせいでカラフルな色合いになっているという。

輝安鉱から採れる難燃剤の原料

アンチモン鉱石は、「安」の文字で表される。代表的な鉱石が輝安鉱だ。元素記号のSbは、輝安鉱のラテン語表記「Stibium」からとられた。

かつては化粧品にも使用されたが、毒性があるため顔料としては用いられていない。だが鉛に加えると鉛単体より硬度を増し、難燃性もあって工業的な用途が幅広く、繊維やプラスチックに添加されるほか、半導体やハンダ合金、鉛蓄電池の電極などに利用される。２０１１年には鹿児島湾海底で大規模な輝安鉱の鉱床が発見され、有望な資源として注目を集めている。

◆番　号：52
◆原子量：127.60
◆密　度：6.24g/cm^{-3}
◆融　点：449.5℃
◆主要埋蔵国：アメリカ、ペルー、カナダ

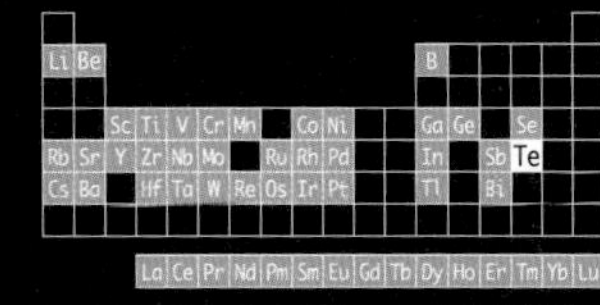
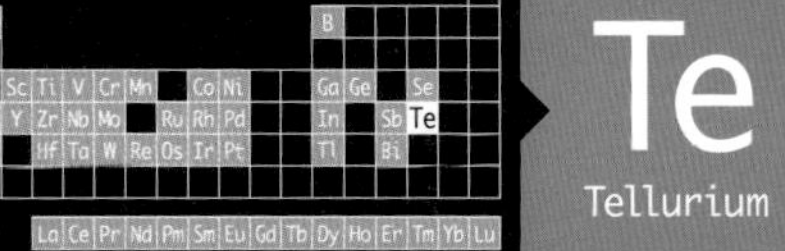

12

テルル

ラテン語で「地球」を意味する元素

鉱石▼自然テルル

CHECK!

自然テルルの結晶

鱗片状の結晶が集まった銀白色の自然テルル。黄色の皮膜状結晶は、酸化鉱物のテルル石。（†メキシコ・モクテスマ・バンボラ鉱山）

➡テルルには毒性があり、体内に取り込まれると呼気が腐ったニンニクの臭いを帯びる。

⬅鮮やかな青色を呈する手稲石。（†和歌山県岩出市山崎／科博標本）

⬅DVD-RAMの書き換え可能な記録層には、銀・インジウム・アンチモン・テルルの合金が使われている。

光ディスクに利用される！

テルルはテルル石（酸化テルル）として産出するほか、稀に自然テルルとしても見つかる非金属だ。埋蔵量は比較的わずかだが需要は多い。

テルルは銅や鉛などに添加されて耐酸性合金の材料として、またテルル合金が書き換え可能型ブルーレイ・DVDディスクの記録層や太陽電池などに使われている。

日本では自然テルルが静岡県河津鉱山から産するほか、北海道手稲鉱山からはテルルを含む新鉱物の手稲石が1939年に発見された。これは、自然テルルと安四面銅鉱の分解によってできた二次鉱物だ。

◆番　号：56
◆原子量：137.33
◆密　度：3.594g/cm^{-3}
◆融　点：729℃
◆主要埋蔵国：中国、インド、アメリカ

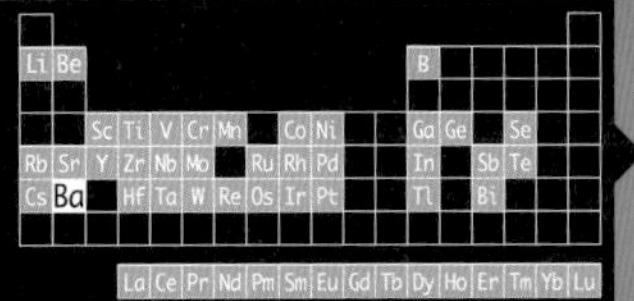

Ba
Barium
13

バリウム

健康診断で馴染み深いレアメタル

鉱石▼重晶石、毒重土石など

↑重晶石の厚板状結晶。砂漠のかつて湖だった場所では、花弁状の「砂漠の薔薇」（14ページ）にもなる。（†ペルー・ワヌコ・ミラフローレス）

←毒重土石は水溶性の炭酸バリウムで、強い毒性をもつ。（†イギリス・ネンツベリーハグズ鉱山）

←鉛を含んだ重晶石の温泉沈殿物は「北投石」といい、日本では秋田県の玉川温泉などで見られることがある。

硫酸バリウムがX線の造影剤に

バリウムは、主に硫酸バリウムの重晶石や炭酸バリウムの毒重土石などから採られる。胃の検査のときに飲むバリウムは、重晶石からつくった純度の高い硫酸バリウムの粉末に硫酸ナトリウム水溶液を混ぜたものだ。硫酸バリウムはX線を通しにくくて人体に吸収されないため、レントゲンの造影剤として利用される。また、光学ガラスや薬品などのほか、バリウム化合物として超伝導にも使われる。

酸素に強く反応することから真空管や電球の内側に蒸着されて管内の不要な酸素や水蒸気を除去する働きもある。

◆番　号：58
◆原子量：140.12
◆密　度：$8.24g/cm^{-3}$
◆融　点：799℃
◆主要生産国：中国

Ce
Cerium

セリウム

研磨剤や触媒として幅広く利用されるレアアース

鉱石▼モナズ石など

⬆セリウムは、銀白色で延性に富む金属。空気中で酸化しやすい。レアアース（希土類元素）としては、地殻中に最も豊富に存在し、さまざまな鉱物の中に見つかる。

⬅セリウムの重要な鉱石鉱物であるモナズ石の分離結晶。日本でも少量産出する。（†福島県石川町塩沢／櫻井標本）

抽出は難しいが工業的な用途が広い

セリウムは主にモナズ石や バストネス石に含まれ、単体での抽出が難しいことからレアアースとされる。1803年の第一発見者をめぐって国家間の論争を招いた初の元素としても有名だ。ちなみにモナズ石はトリウムやウランを含有して、微量の放射線を発することがある。

資源としては、中国が9割以上を産出している。セリウムはガラス研磨剤、排気ガス浄化の触媒、サングラスの紫外線吸収剤、鉄鋼添加剤、青色蛍光体、顔料、鎮静作用をもつ医薬品、ライターの着火材など幅広く利用される。

◆番　号：74
◆原子量：183.84
◆密　度：19.3g/cm^{-3}
◆融　点：3410℃
◆主要埋蔵国：中国、ロシア、アメリカ

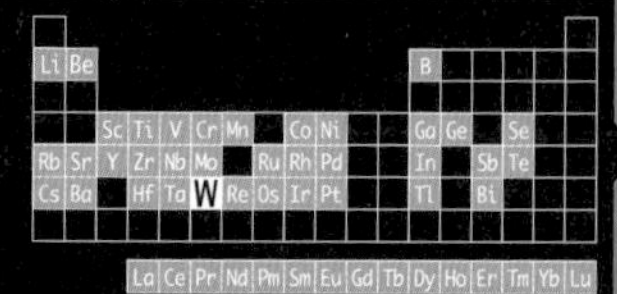

W
Tungsten

15

タングステン

金属中で最も融点が高いレアメタル

鉱石▼灰重石、鉄重石など

⬇タングステンが使われているフィラメント。白熱電球は電力の10%ほどを可視光に変換するだけで、残りは熱や赤外線放射にしてしまう。エネルギー効率は悪い。

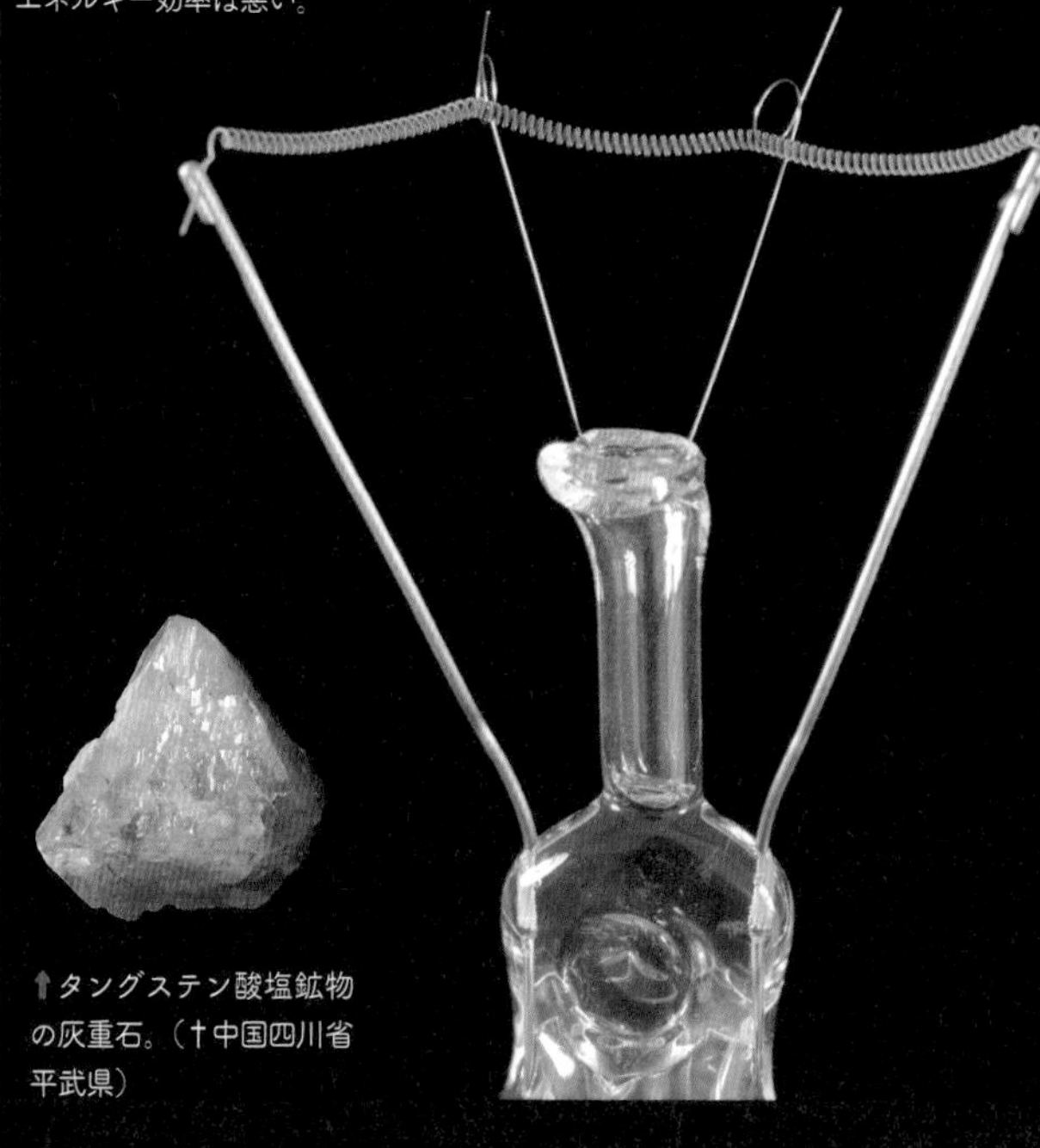

⬆タングステン酸塩鉱物の灰重石。（†中国四川省平武県）

ドリルから戦車にまで使われる

タングステンは、灰重石(かいじゅうせき)や鉄重石などに含まれるレアメタルのひとつ。元素記号のWはドイツ語の「Wolfram(ウォルフラム)」からきている。鉄やマンガンを含むタングステン鉱物は、かつて「Wolframite（鉄マンガン重石）」と呼ばれていたのだ。

金属のなかでも最も融点が高いことから、白熱電球のフィラメントや電子レンジのマグネトロンに使われてきた。

また、硬さがあり密度が高いことから、タングステン合金がドリルなどの切削工具、戦車の特殊装甲、ゴルフクラブのウェイト、砲丸投げの砲丸などにも利用されている。

◆番　号：83
◆原子量：208.98
◆密　度：9.747g/cm^{-3}
◆融　点：271.3℃
◆主要埋蔵国：中国、ペルー、ボリビア、メキシコ

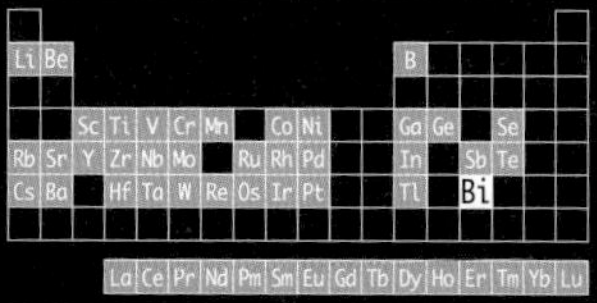

Bi
Bismuth

16

人工結晶は美しい虹色の膜に覆われる
ビスマス

鉱石▼自然蒼鉛、輝蒼鉛鉱など

CHECK!

ビスマスの骸晶

結晶の稜（面と面が接する角の部分）が急激に成長して、面となる部分がくぼんでしまった結晶を骸晶という。ビスマスの人工結晶は骸晶になりやすい。

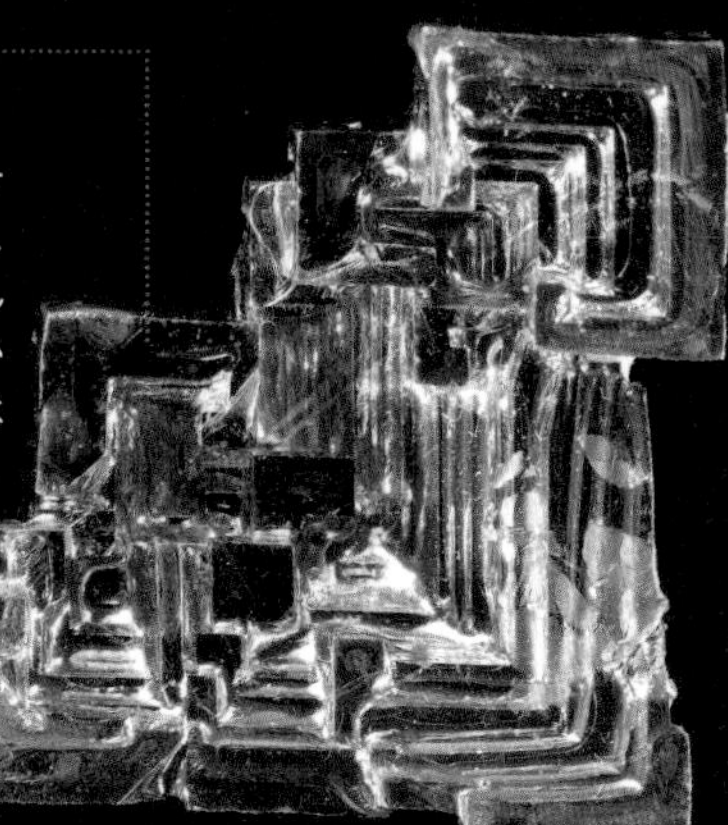

↑ビスマスの人工結晶（†ドイツ）。融点が低いため、ガスコンロでも比較的簡単につくることができる。虹色の酸化膜は結晶ができた後の冷却中につく。

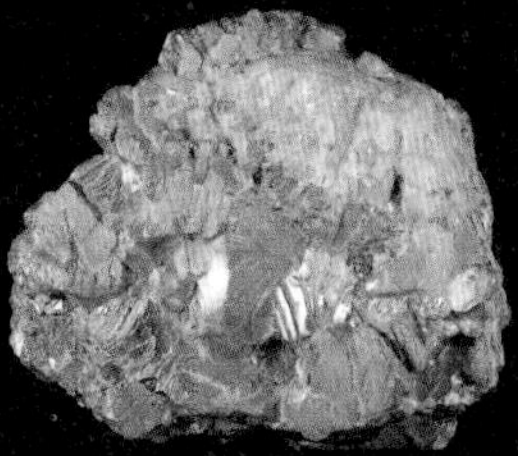

←天然の自然蒼鉛は結晶形を示すことはなく、ややピンク色を帯びた塊状で産する。空気に長く触れていると酸化して光沢が弱くなる。（†兵庫県大屋町明延鉱山／櫻井標本）

火災対策用品や整腸剤にもなる

ビスマスは硫化鉱物の輝蒼鉛鉱に含まれるほか、自然蒼鉛として単体でも産出する。淡く赤みがかった銀白色の半金属で、ナイフで切ることができる柔らかさである。用途には、精密な金型や火災対策用品、顔料、医薬品（特に整腸剤の原料）などがある。

ビスマスの結晶は表面を覆う酸化膜への光の当たり方によって、色鮮やかで美しい色を示すことがある。特に、人工的につくったビスマスの結晶は酸化膜による多彩な着色と骸晶による特徴的な形状から、観賞用として市場に出回ることもあるのだ。

column

原子力と鉱物

無限のエネルギーを生む諸刃の剣

アメリカ・ネバダ州で行われた原子爆弾投下実験の様子。原爆は強烈な爆風と熱線だけでなく、強い放射線を放出する。

ウラン、トリウムといった放射性元素を含んでいる鉱物は「放射性鉱物」と呼ばれる。なかでも原子力発電や核開発において重要な役割を果たしている放射性鉱物にウラン鉱石がある。

ウラン鉱物には閃(せん)ウラン鉱(こう)、燐灰(りんかい)ウラン石(せき)、カルノー石などさまざまな種類がある。ウラン鉱石が放射線を放出していることを発見したのは19世紀末のフランスの物理学者アンリ・ベクレルである。その後、ベクレルは放射能の量を表す単位となった。

核兵器や原子力への利用にあたってはウラン鉱石を化学的に精製して不純物を取りのぞき、転換、濃縮といったプロセスを経てウラン燃料とする。この燃料に人工的に核分裂を起こさせてエネルギーを取り出す。同じく核兵器原料であるプルトニウムもウラン鉱石にごくわずかに含まれているが、大半は人工的に合成されたものである。ちなみに広島に投下された原爆の原料となったウランは、ベルギー領コンゴ（現在のコンゴ民主共和国）で採掘された。

現在ウランの主な生産国はカナダ、オーストラリア、カザフスタン、ロシア、ニジェール、ナミビア、ウズベキスタン、アメリカなどだが、核兵器への転用が可能なため、その流通は国際原子力機関によって厳重に管理されている。

ウラン同様、天然に存在する核燃料資源となる元素にトリウムがある。その鉱物にはモナズ石、トール石などがあ

フランスの原子力発電所。写真は、周囲を水で満たされた原子炉内にウラン（またはプルトニウム）の燃料棒が挿入されているところ。

り、精製することによって抽出されるトリウム232からはウラン233をつくり出すことができる。地球上のトリウムの埋蔵量はウランよりも多く、国別で見るとオーストラリア、インド、ノルウェー、アメリカ、カナダ、南アフリカなどが主要産出国だ。

ウランもトリウムも極めて毒性が強いため、原料となる鉱物の取り扱いは政令によって厳しく制限されている。

また福島原発事故が起きてからよく知られるようになった元素にセシウムがある。セシウムには少なくとも39種類の同位体が存在し、今回の事故で特に問題とされているのはセシウム137とセシウム134である。これらの同位体は自然界には存在せず核分裂によって生成される物質である。特にベータ線を放出するセシウム137は半減期が約30年と長く、深刻な環境汚染や健康被害をもたらすことが懸念されている。

これに対して、自然界に安定して存在するのはセシウム133であり、これはポルクス石やカナール石といった鉱物に含まれている。セシウム133は放射線を出さないが、大気中の水蒸気と反応して水酸化セシウムとなると、目や気道を刺激する劇物となる。セシウム化合物は光に対して高感度であることから光学的な文字認識システムや撮像管（さつぞうかん）、さらに電子時計などに用いられる。ポルクス石の主要産地はカナダ、ジンバブエ、ナミビアなどだ。

column

隕石と宇宙の鉱物

地球で見つかる宇宙由来の鉱物とは？

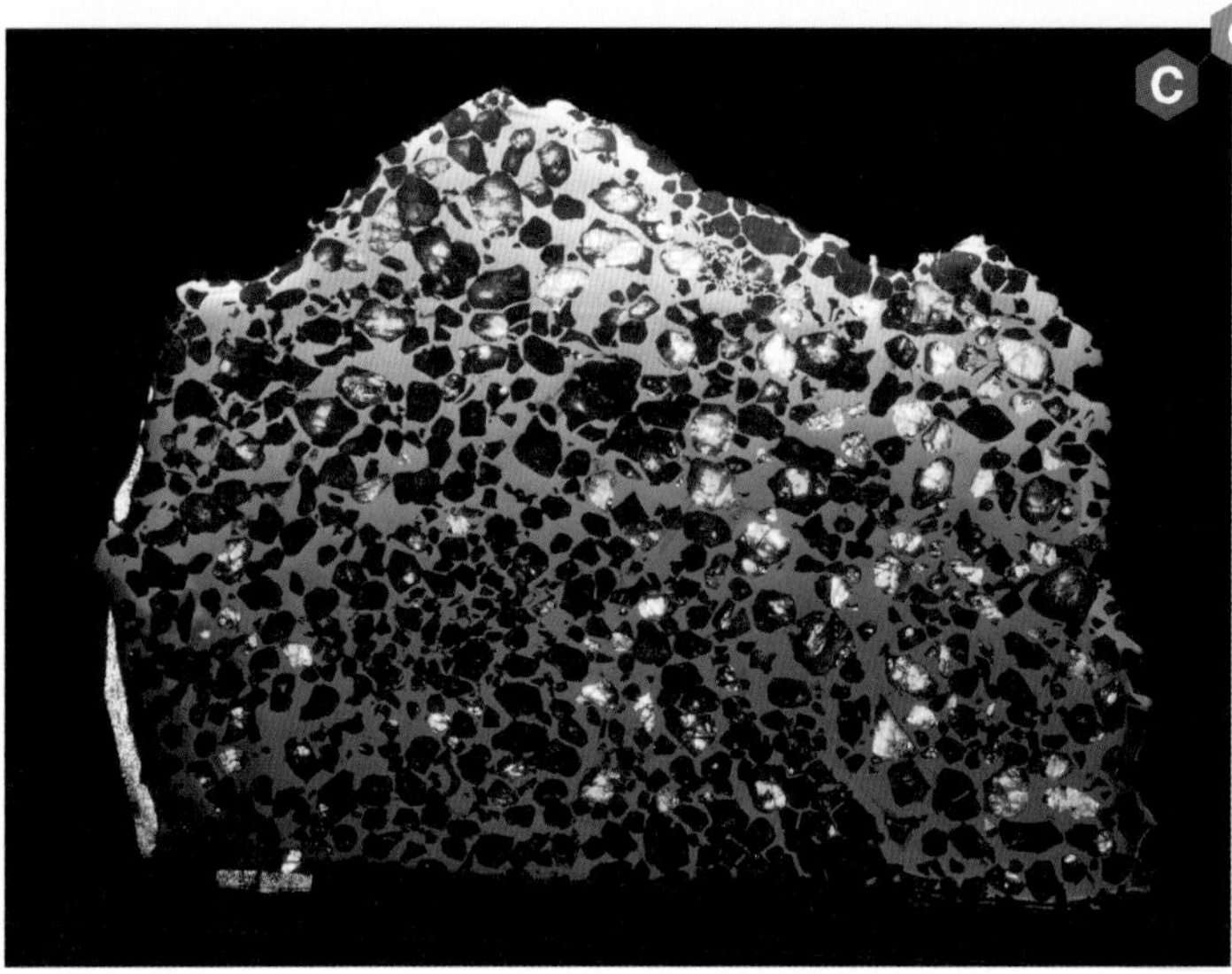

パラサイト隕石と呼ばれる石鉄隕石では、ニッケル鉄の中に橄欖石の結晶が混じっている。写真の標本はアルゼンチンで発見されたもので、表面は研磨されている。

流れ星などが大気圏で燃え尽きず、地上に落ちてくることがある。このように地球外の天体から地球に落ちてきた鉱物を「隕石（いんせき）」という。隕石には、岩石からなる「石質隕石」、主に鉄を主成分とする「隕鉄」、岩石と鉄の両方からなる「石鉄隕石」という3つのタイプがある。最も多く発見されているのは石質隕石である。

地球には年間約2万個もの隕石が降り注いでいるといわれるが、その多くは海に落ちたり、発見されないことが多い。これまでに世界で発見された隕石は約2万数千個にのぼるが、そのほとんどは南極で見つかっている。白い氷原で見通しがいいことから、発見の確率が高いのだ。南極以外では約2500個ほどが見つかっている。そのなかでも世界最大のものは南部アフリカ、ナミビアの砂漠で発見されたホバ隕石。8万年以上前に落下したと考えられる重さ63トンの巨大な隕鉄である。

地球外からやってくる隕石のなかには、その起源がはっきりしているものもある。火星起源とされる火星隕石、月起源とされる月隕石などもそうだ。火星隕石は、火星に巨大な隕石が衝突した結果、宇宙空間に飛び出して地球に到達した隕石であり、現在12個見つかっている。月隕石は14個が知られている。

隕石は宇宙の歴史や太陽系の起源について多くの手がかりを含んでいる。また、生命に不可欠なタンパク質を構成

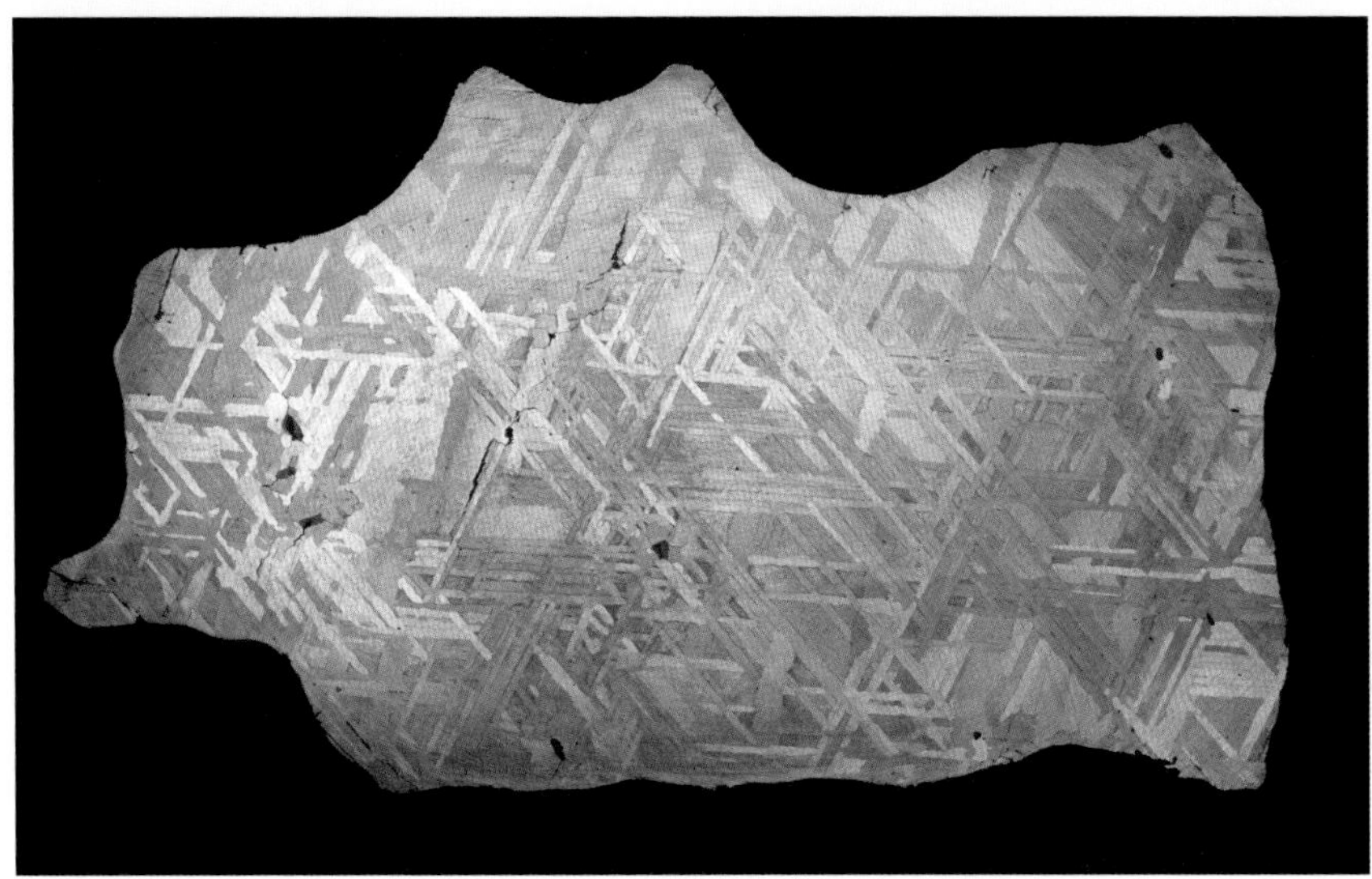

アメリカ・アリゾナ州で発見されたキャニオン・ディアブロ隕石は隕鉄だ。複雑な格子模様はウィドマンシュテッテン構造と呼ばれ、酸によるエッチング加工と研磨の後に浮かび上がる。隕鉄に特有な模様である。

するアミノ酸が一部の隕石から見つかっていることから、生命のもととなる物質が宇宙からもたらされた可能性も論じられている。

最近の研究では、代表的な貴金属である金と白金は40億年前、200億トンにものぼる隕石の衝突によってもたらされたのではないか、という説が唱えられている。この時期、地球は2億年にわたって隕石のシャワーを浴び続けた。この衝突によって数十億トンもの液状の金や白金が地表を覆い、それがプレートの移動によってマントルの中に広がり、鉱床を形成したという。つまり、太古の隕石衝突がなければ、地球上には金も白金も、あるいは生命も存在しなかったかもしれない、というのである。

また、地球から40光年離れた「かに座55番星e」という惑星は地球の8倍の質量のある星で、その3分の1がダイヤモンドでできている可能性が高いといわれている。隕石や惑星の衝突によって大量の炭素がダイヤモンドに変化したと考えられているのだ。換算すると、地球3個分のダイヤモンドが含まれていることになる。

地球や宇宙の起源について多くの手がかりを与えてくれる隕石は学術的価値が高い一方、メテオハンターと呼ばれるコレクターたちの垂涎の的でもある。隕鉄や石質隕石は1グラム1000円ほどだが、月隕石になると相場は1グラム60万円にもなるという。

column

産業に欠かせない鉱物
レアメタルとは何か？

- レアアース
- 国家備蓄対象のレアメタル
- その他のレアメタル

周期＼族	1	2	3	4	5	6	7	8	9	10	11	12	13	14	15	16	17	18
1	1 H 水素																	2 He ヘリウム
2	3 Li リチウム	4 Be ベリリウム											5 B ホウ素	6 C 炭素	7 N 窒素	8 O 酸素	9 F フッ素	10 Ne ネオン
3	11 Na ナトリウム	12 Mg マグネシウム											13 Al アルミニウム	14 Si ケイ素	15 P リン	16 S 硫黄	17 Cl 塩素	18 Ar アルゴン
4	19 K カリウム	20 Ca カルシウム	21 Sc スカンジウム	22 Ti チタン	23 V バナジウム	24 Cr クロム	25 Mn マンガン	26 Fe 鉄	27 Co コバルト	28 Ni ニッケル	29 Cu 銅	30 Zn 亜鉛	31 Ga ガリウム	32 Ge ゲルマニウム	33 As ヒ素	34 Se セレン	35 Br 臭素	36 Kr クリプトン
5	37 Rb ルビジウム	38 Sr ストロンチウム	39 Y イットリウム	40 Zr ジルコニウム	41 Nb ニオブ	42 Mo モリブデン	43 Tc テクネチウム	44 Ru ルテニウム	45 Rh ロジウム	46 Pd パラジウム	47 Ag 銀	48 Cd カドミウム	49 In インジウム	50 Sn スズ	51 Sb アンチモン	52 Te テルル	53 I ヨウ素	54 Xe キセノン
6	55 Cs セシウム	56 Ba バリウム	57-71	72 Hf ハフニウム	73 Ta タンタル	74 W タングステン	75 Re レニウム	76 Os オスミウム	77 Ir イリジウム	78 Pt 白金	79 Au 金	80 Hg 水銀	81 Tl タリウム	82 Pb 鉛	83 Bi ビスマス	84 Po ポロニウム	85 At アスタチン	86 Rn ラドン
7	87 Fr フランシウム	88 Ra ラジウム	89-103	104 Rf ラザホージウム	105 Db ドブニウム	106 Sg シーボーギウム	107 Bh ボーリウム	108 Hs ハッシウム	109 Mt マイトネリウム	110 Ds ダームスタチウム	111 Rg レントゲニウム	112 Cn コペルニシウム	113 Nh ニホニウム	114 Fl フレロビウム	115 Mc モスコビウム	116 Lv リバモリウム	117 Ts テネシン	118 Og オガネソン
				57 La ランタン	58 Ce セリウム	59 Pr プラセオジム	60 Nd ネオジム	61 Pm プロメチウム	62 Sm サマリウム	63 Eu ユウロピウム	64 Gd ガドリニウム	65 Tb テルビウム	66 Dy ジスプロシウム	67 Ho ホルミウム	68 Er エルビウム	69 Tm ツリウム	70 Yb イッテルビウム	71 Lu ルテチウム
				89 Ac アクチニウム	90 Th トリウム	91 Pa プロトアクチニウム	92 U ウラン	93 Np ネプツニウム	94 Pu プルトニウム	95 Am アメリシウム	96 Cm キュリウム	97 Bk バークリウム	98 Cf カリホルニウム	99 Es アインスタイニウム	100 Fm フェルミウム	101 Md メンデレビウム	102 No ノーベリウム	103 Lr ローレンシウム

経済産業省が定めるレアメタルは赤(■)、ピンク(■)、オレンジ(■)で示した。そのうちレアアースは、ピンク(■)で示した17元素だ。経済安全保障の観点から価格高騰や供給停止に備えて国内備蓄されているレアメタルは、赤(■)で示した元素である。

産業にとって必須でありながら、入手しづらい元素は「レアメタル」（希少金属の意）と呼ばれる。広い意味では、鉄以外の非鉄金属をいうこともあるが、鉄、アルミニウム、銅、亜鉛など、流通量が多い一般的な金属をベースメタルというのに対して使われる。英語ではマイナーメタルなどといい、レアメタルは日本特有の呼称である。

何をレアメタルとするのか、その基準は明確ではない。日本では、経済産業省が定めた元素をレアメタルと呼ぶが、国や研究者によってその元素は異なる。全レアメタルが地殻中に占める割合は、わずかに0・8パーセントほどだが、ベースメタルのなかにはレアメタルよりも地殻中の存在量が少ないものもある。つまり、地殻中の濃度が少ないものや、地殻中に豊富にあっても精錬にコストがかかるものがレアメタルとされるからだ。

また、希土類元素とも呼ばれるレアアースは、レアメタルの一種である。鉱物の中には複数のレアアースがまとまって存在していることが多く、世界的に見れば埋蔵量も豊富だ。だが、レアアースは化学的な性質が似ているため、単独の元素を分離精製するのが難しい。現在、レアアース生産のほとんどを中国が占めているが、次世代自動車に必要なジスプロシウム、ネオジム、サマリウムを使った磁石などの需要は増え続けており、今後は深海も含めた鉱床開発に期待が寄せられている。

PART 4

宝石・貴金属になる鉱物

希少な鉱物の多くは宝飾品としての価値を生む。これまで人類は、透き通った鉱物に神秘的な美しさを見いだし、宝石・宝飾品にすることで、その輝きを手中に収めてきた。本章では、どのような鉱物が宝石や貴金属になり、なぜそこに価値が生まれたのかを解説する。

◆化学組成式：C
◆　色　：無（灰、黄、青、ピンクなどあり）
◆条　痕：無
◆光　沢：ダイヤモンド
◆劈　開：四方向に完全

硬度　10

比重　3.5

立方晶系
元素鉱物

01

ダイヤモンド

最も美しく最も硬い宝石の王

CHECK!

ダイヤモンドの色

　ダイヤモンドは、不純物を含むと色を帯びる。窒素で黄色、ホウ素で淡青色になるが、窒素の集合状態や原子欠陥の組み合わせでピンク色などさまざまな色が現れる。熱処理や放射線照射によって人工的に着色されることもある。

↑ダイヤモンドの採掘はキンバレー岩を破砕してから選別されるので、母岩つきの標本は希少になる。

数億年の時をかけて地下深くから現れる

　ダイヤモンドはギリシア語のアダマス（無敵）に由来する最も硬い物質だ。石墨（せきぼく）と同じ炭素の元素鉱物だが、150キロメートル以上も地下深くの高温高圧環境下で生まれるため緻密な原子配列になる。主産地は、南アフリカ、オーストラリア、ロシアなど。
　ダイヤモンドは、キンバレー岩やランプロアイトという岩石中に産する。キンバレー岩は、マグマが短時間で爆発的に地表に噴出して巨大なパイプ状に固まった火成岩だ。ダイヤモンドは普通、5億年以上前の大陸地殻からマグマとともに運ばれてくるため、日本にダイヤモンドは産出し

◆世界の鉱物遺産

キンバリー鉱山跡

南アフリカ共和国のキンバリーにあるこの巨大な湖は、世界最大の手掘りの穴といわれている。もともとは丘だったが、ひとたびダイヤモンドが発見されると大量の鉱山労働者が駆けつけ、1871年の採掘開始から1914年の閉山までに直径463メートル、深さ240メートルもの「ビッグホール(巨大な穴)」と化した。セシル・ローズとチャールズ・ラッドが設立したデビアスは、この場所から興った。

◆化学組成式：$Al_2SiO_4(F,OH)_2$
◆　色　：無～黄、橙黄、ピンク、青など
◆条　痕：白
◆光　沢：ガラス
◆劈　開：一方向に完全

硬度　8（0　5　10）

比重　3.6（0　5　10）

直方晶系
珪酸塩鉱物

02

トパーズ

シェリー酒カラーが高価値

CHECK!

トパーズの色

火山岩の流紋岩中から産出したウィスキー色のトパーズ。トパーズは普通、長く陽光にさらすと褪色するので管理には注意が必要だ。（†アメリカ・ユタ州トーマスレンジ・メイナーズクレイム）

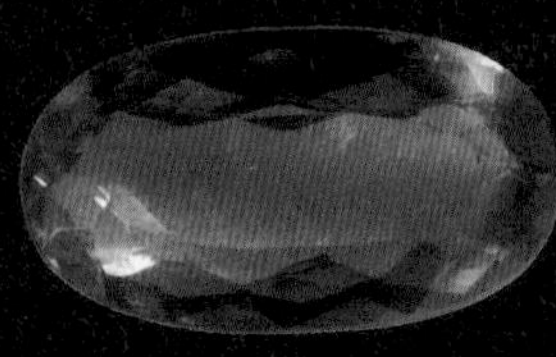

←インペリアルトパーズは、シェリー酒色と呼ばれる絶妙にオレンジ色がかった黄色のものが高価値とされる。

水酸基タイプが人気のインペリアルトパーズ

トパーズは、紅海に浮かぶ島「トパジオス」（現在のサバルガート島）に由来する。ここで採掘された石がかつてトパーズと呼ばれた。ただし、実際にはペリドットを指す言葉だったのだが、時代を経て現在のようになった。

トパーズには茶色系の水酸基タイプと青色系のフッ素タイプがある。水酸基タイプで人気があるのはブラジルの一部地域でしか産出しないインペリアルトパーズだ。これは陽光にさらしても褪色せず、フッ素タイプよりも屈折率が高い。また、黄褐色石を加熱するとピンクトパーズになる。

◆化学組成式：$SiO_2 \cdot nH_2O$
◆　色　：無〜白、黄、赤、青、緑、褐など
◆条　痕：白
◆光　沢：ガラス
◆劈　開：なし

硬度　6

比重　2.1

非晶質
珪酸塩鉱物

03

オパール

色彩バリエーションが豊富な非晶質の宝石

CHECK!

オパールの遊色効果

物質内部の構造によって光が分光し、表面が虹色に見えることを遊色という。オパールはその代表種だ。（†エチオピア・イータリッジ）

➡温泉沈殿物として産する直径２〜３ミリの魚卵状オパール。小さな砂粒を核にしてできる。（†富山県立山町立山新湯／櫻井標本）

光が干渉して虹色に輝く

オパールは珪酸と水から成る鉱物で、サンスクリット語で貴石を表す「ウパラ」に由来する。卵の白身のように見えることから蛋白石とも呼ばれるが、微細な珪酸球が規則正しく並んだものは、光が干渉して虹色に見える。

珪酸を含んだ高温の熱水は石英をつくるが、オパールは低温で長い時間をかけて生成される非晶質の鉱物だ。熱に弱く、乾燥しすぎると割れてしまうこともあるので、保管には注意が必要。日本の温泉地では、オパールが沈澱してできた透明魚卵状のものが見られることもある。

◆化学組成式：$CuAl_6(PO_4)_4(OH)_8 \cdot 4H_2O$
◆色：天青～青緑
◆条痕：白～淡緑
◆光沢：ガラス
◆劈開：一方向に完全

硬度　5～6（0　5　10）
比重　2.9（0　5　10）

04
三斜晶系
燐酸塩鉱物

トルコ石（いし）

魔除けの力があると信じられてきた12月の誕生石

↑黄鉄鉱を伴った淡い天青色のトルコ石。エジプトやチベットでも産出するが、色合いに基づく宝石としての価値は国や地域によって異なる。（†メキシコ・カナネア鉱山）

↑トルコ石のモザイクでできた双頭のヘビ。15～16世紀にアステカでつくられた装飾品だ。（大英博物館所蔵）

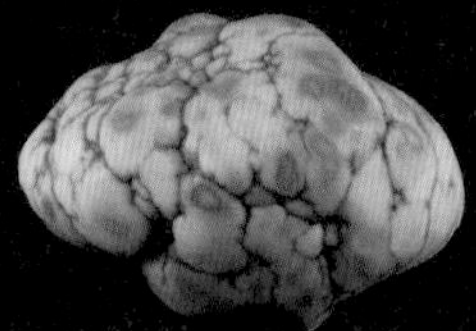

↑トルコ石に似た黒い脈が走るハウ石。染色されて、トルコ石にされることも。（†ブラジル）

塊状で産出する古代からの宝飾品

トルコ石（いし）はヨーロッパや南米の古代遺跡から発掘されているほど、古くから愛用されてきた石だ。約6000年前、ペルシアはトルコ石の主要産地だった。それがトルコ経由でヨーロッパに広がったことから、現在の名前に定着した。

銅やアルミニウムに燐酸塩などが結合した鉱物で、明るい青を基調としている。この青は銅による発色で、鉄分を多く含むと緑になる。トルコ石は、微結晶が塊状で産出するため、結晶形をとることは稀だ。そのため、昔から粉末を固めた模造品や別の鉱物を染色したものが横行している。

- 化学組成式：$NaAlSi_2O_6$
- 色　：白〜緑、紫など
- 条　痕：白
- 光　沢：ガラス
- 劈　開：二方向に完全

硬度　7

比重　3.3

単斜晶系
珪酸塩鉱物

05

翡翠（ひすい）

縄文時代から珍重されてきた日本の宝石

鉱物 ▼ 翡翠輝石

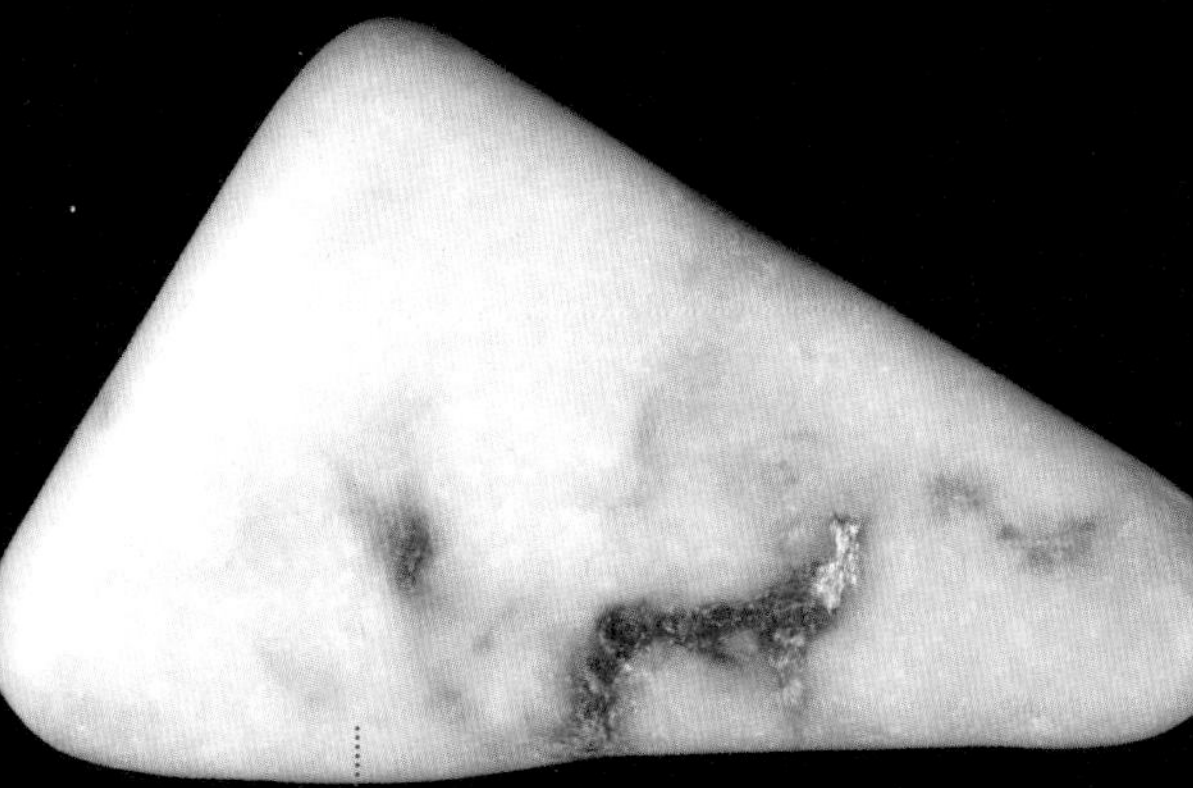

CHECK!

透明感のある緑色

翡翠の典型的な色は白色だが、緑色の濃さと透明感を兼ね備えているかで価値が決まるともいう。（†新潟県糸魚川親不知海岸／松原標本）

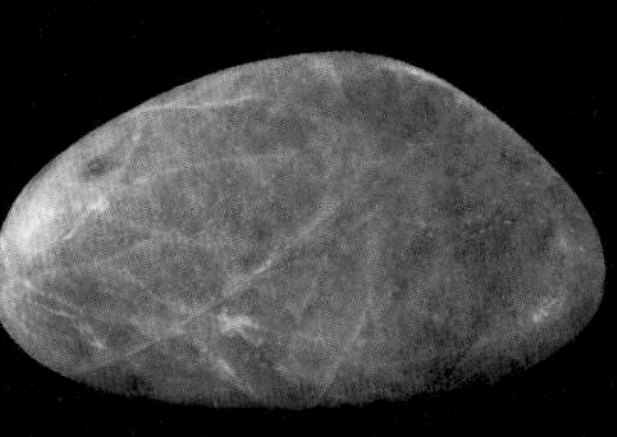

➡翡翠輝石には、石墨などを含んで黒みを帯びるものもある。（†新潟県糸魚川親不知海岸）

緻密な結晶が集合した日本古来の宝石

翡翠（ひすい）はカワセミを意味する漢字に由来する。その大部分は、翡翠輝石（きせき）と呼ばれる鉱物の緻密な結晶が塊状に集合した岩石（硬玉〈こうぎょく〉）だ。純粋な翡翠輝石は白色か無色だが、微量の鉄やクロムを含んで緑色に、鉄やチタンが微量に含まれれば紫色になる。特に、アルミニウムがクロムに置き換わって濃い緑色のものはコスモクロア輝石という。顔料を染み込ませた着色品が出回ることも多い。

主産地はミャンマーとグアテマラのほか、新潟県糸魚川（いといがわ）・青海（おうみ）地方が有名で、日本や朝鮮半島の遺跡から出土した翡翠製の勾玉（まがたま）は、日本産だ。

- 化学組成式：$Mg_3Al_2(SiO_4)_3$（※苦礬石榴石）
- 色　：白、淡ピンク、紫赤など
- 条痕：白
- 光沢：ガラス
- 劈開：なし

硬度　7～7.5

比重　3.7～3.8

立方晶系
珪酸塩鉱物

06

宝石になる多種の石榴石

ガーネット

鉱物▼石榴石類

↑右側の石は、十二面体と二十四面体の結晶面からできている鉄礬石榴石。左側に置かれた石は、カットされた宝石のガーネット。（大英自然史博物館標本）

ザクロの果実に似た結晶が宝石になる

宝石のガーネットは、成分の違いによって約14種類ほどの鉱物に分類される石榴石（ざくろいし）グループの宝石名で、英名の語源もザクロの果実の様子に由来する。

石榴石の色は、石に含まれる鉄、マンガン、クロムなどにより決まる。また、カルシウムを含んで「灰（かい）」、アルミニウムを含んで「礬（ばん）」などの文字がつく。鉄を含んだアルマディン（鉄礬石榴石（てつばんざくろいし））が一般的だが、マグネシウムを含んだパイロープ（苦礬石榴石（くばんざくろいし））も宝石としてよく使われる。

パイロープはマグネシウムとアルミニウムを主成分とする鉱物で、英名のパイロープ

そのほかの石榴石

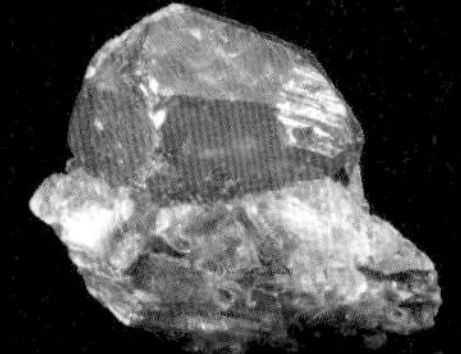
⇧満礬石榴石。（†タンザニア・アルーシャ・サングルングルヒル）

⇧灰鉄石榴石の一種で緑色のデマントイド。（†マダガスカル）

⇧灰鉄石榴石。（†奈良県天川村白倉谷鉱山）

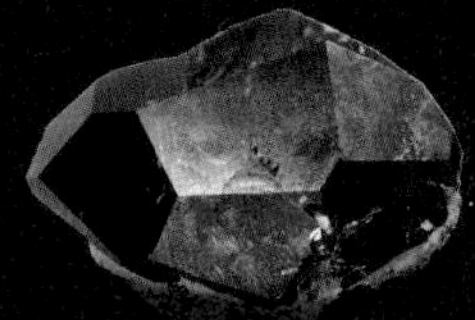
⇧鉄礬石榴石。（†アメリカ・ネバダ州）

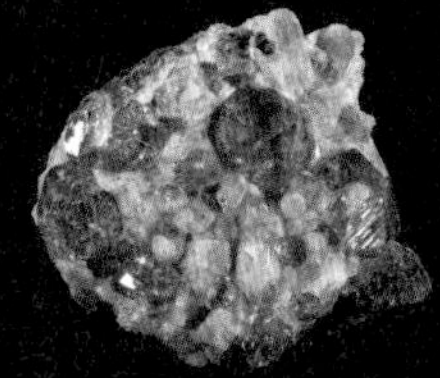
⇧灰礬石榴石の一種のヘソナイト。（†カナダ・ジェフリー鉱山）

⇧灰礬石榴石。（†メキシコ・ラスクルーセス山脈）

⇧苦礬石榴石。（†アフガニスタン）

⇦宝石のカット技術をいかして発明されたボヘミアングラス。

はギリシア語で「炎のような」に由来する。ダイヤモンドと同じように、上部マントルの中で成長し、上昇するマグマによって地表に運ばれる。このため、パイロープはダイヤモンドを探すための指標鉱物にもなる。

かつてパイロープがヨーロッパで人気を博したころ、チェコのボヘミアは、ガーネットの産地として名を馳せていた。ところが、南アフリカで高品質のパイロープが発見されると、ボヘミアの宝石産業は凋落の一途をたどった。そこで考え出されたのが、宝石のカット技術をいかした新しいガラス工芸だった。これがボヘミアングラスの発明につながり、現在でも世界的に有名な産業になっている。

化学組成式：$(Mg,Fe)_2SiO_4$
色：淡黄～オリーブ緑
条痕：白
光沢：ガラス
劈開：なし

硬度 7
比重 3.2

07

直方晶系
珪酸塩鉱物

古代エジプト時代の「太陽の石」

ペリドット

鉱物▼苦土橄欖石

↑苦土橄欖石の結晶。超苦鉄質火成岩や接触変成鉱床に産する。緑色で透明度の高いものは、カットして宝石のペリドットにされる。

←粒状の苦土橄欖石塊は、玄武岩の捕獲岩として見られる。(†アメリカ・アリゾナ州ココニノ郡)

耐火物にもなるオリーブ色の宝石

ペリドットは、橄欖石(かんらんせき)の宝石名で、橄欖石は主にオリーブ色の苦土(くど)橄欖石からできている。橄欖石を英名でオリビンというが、これはオリーブの実に由来する。オリーブを「カンラン」という植物と間違えた明治時代の学者により、現在まで橄欖石という和名が使われているのだ。

紅海のサバルガート島からは良質の結晶が産出し、古代エジプト時代には「太陽の石」として珍重された。現在では、苦土橄欖石は融点がセ氏1900度近くもあることから、鋳型用砂などの耐火物に利用されている。

◆化学組成式：$MgAl_2O_4$
◆　色　：無、赤、青、緑、紫、灰黒など
◆条　痕：白
◆光　沢：ガラス
◆劈　開：なし

硬度　7.5〜8
比重　3.6

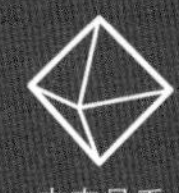

立方晶系
酸化鉱物

08

スピネル

ルビーにそっくりなルビースピネル

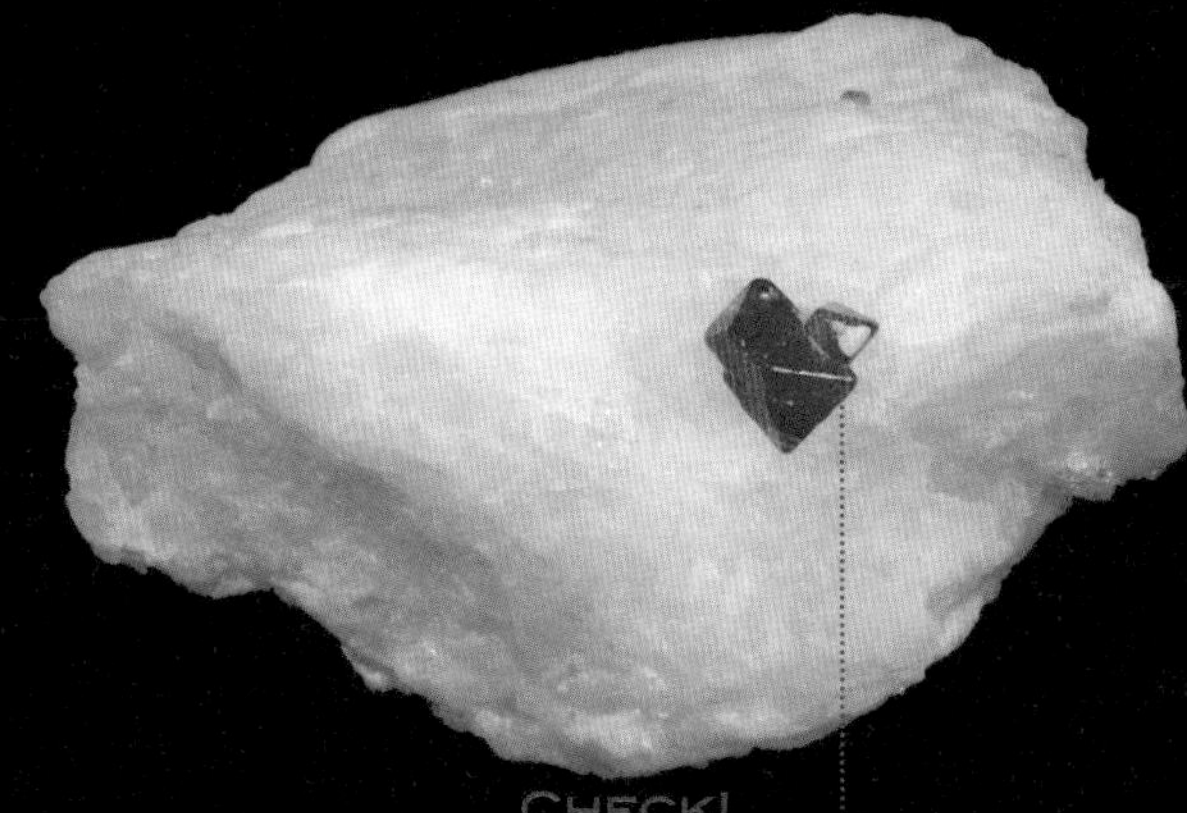

CHECK!

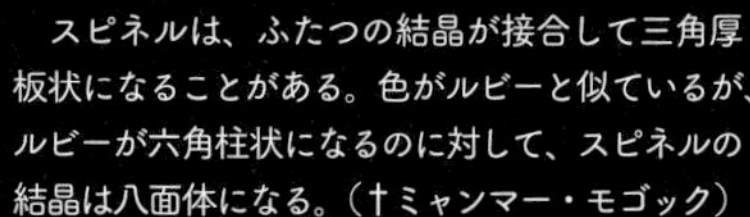

スピネル式双晶

　スピネルは、ふたつの結晶が接合して三角厚板状になることがある。色がルビーと似ているが、ルビーが六角柱状になるのに対して、スピネルの結晶は八面体になる。（↑ミャンマー・モゴック）

←大英帝国王冠。中央に輝く「黒太子のルビー」は長い間ルビーだと信じられていたが、アフガニスタン産の「スピネル」だと判明した。

八面体結晶になりやすい鉱物

　スピネルはラテン語のトゲに由来する鉱物で、尖晶石（せんしょうせき）ともいう。純粋な結晶は無色透明だが他の成分によって色を帯びる。なかでも鉄やクロムを含むものは赤色になり、透き通った良質のものはルビースピネルとして宝石にされる。

　イギリス王室に伝わる大英帝国王冠の中央に輝く「黒太子（こくたいし）のルビー」は、長い間ルビーだと信じられていたが、実は、170カラットのスピネルであることがわかっている。カットされたものはルビーと区別が難しいのだ。主産地は、スリランカ、イタリア、ミャンマーなど。

◆化学組成式：$Be_3Al_2Si_6O_{18}$
◆　色　：緑青、緑（※エメラルド）
◆条　痕：白
◆光　沢：ガラス
◆劈　開：なし

硬度　7.5～8
比重　2.6～2.8

六方晶系
珪酸塩鉱物

09

良結晶の産出が希少な「宝石の女王」

エメラルド

鉱物▼緑柱石

↑方解石を伴った六角柱状のエメラルド。宝石質の透明なものは宝石にされてしまうため、母岩についた美しい標本は希少になる。（†コロンビア）

希少価値がある「宝石の女王」

エメラルドは、鉱物学的にはアクアマリンと同じベリリウムを主成分とする緑柱石（りょくちゅうせき）だ。これは、色によって宝石名が異なるためで、エメラルドはクロムやバナジウムを含んで緑色のものを指す。クレオパトラが愛したことから「宝石の女王」と呼ばれる。

高温高圧の黒雲母片岩（くろうんもへんがん）などの変成岩や熱水性の石英（せきえい）脈や方解石（ほうかいせき）脈中などに産する。大きな結晶は稀で、ひび割れしやすい。そのため、良質のエメラルドは希少価値がある。主産地は約6割を占めるコロンビアのほか、ブラジル、ロシア、ザンビア、ジンバブエなど。

◆化学組成式：$Be_3Al_2Si_6O_{18}$
◆色：淡青、緑青（※アクアマリン）
◆条痕：白
◆光沢：ガラス
◆劈開：なし

硬度　7.5～8（0　5　10）

比重　2.6～2.8（0　5　10）

六方晶系
珪酸塩鉱物

10

比較的大きな結晶が産出する アクアマリン

鉱物▼緑柱石

CHECK!

緑柱石の多彩な色

アクアマリンは鉄(Fe^{2+}・Fe^{3+})を含んで緑青色になった緑柱石だ。宝石になる緑柱石はほかに、鉄(Fe^{3+})を含んで黄色のヘリオドール、マンガンを含んでピンク色のモルガナイト、無色のゴッシュナイトなどがある。

↑カットされたアクアマリンの宝石。

↑六角柱状の単結晶。（†ナミビア・エロンゴ山）

美しい宝石になる水色の緑柱石

アクアマリンは「海の水」の名が示す通り、鉄を含んで透き通った淡い水色をしている緑柱石(りょくちゅうせき)だ。主に花崗岩(かこうがん)ペグマタイトの中の空洞で生成されるため、エメラルドよりは比較的大きな結晶が見つかる。したがって、安価に入手しやすい。

宝石用にカットされたアクアマリンのなかでも高い評価を得ているのは青色の濃い「サンタマリア・アフリカーナ」で、モザンビーク産のものが最高品質とされている。主産地はブラジル、ナイジェリア、モザンビークのほか、ロシア、アフガニスタン、インド、マダガスカル、パキスタンなど。

◆化学組成式：Al_2O_3
◆　色　：赤（※ルビー）
◆条　痕：無
◆光　沢：ガラス
◆劈　開：なし

硬度　9
比重　4.0

三方晶系
酸化鉱物

11

ルビー

濃い赤色で透明度が高いほど価値がある

鉱物▼コランダム（鋼玉）

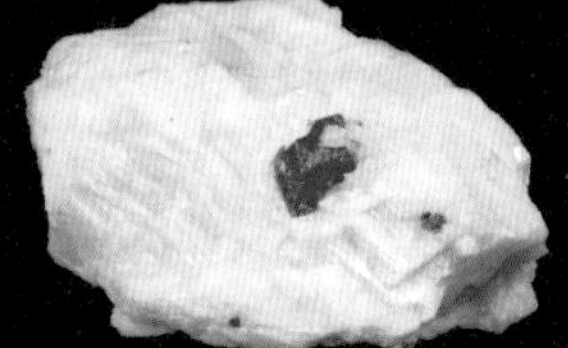

↑方解石の母岩についたルビー（コランダム）の結晶。（†パキスタン・フンザ・アリアバード）

CHECK!

ルビーの価値

ルビーの価値を決める第一条件は、色の濃さにある。さらに、にごりがなく、透明感があり、濃淡のバランスに優れているほど、宝石としてのルビーは価値が高まる。

世界で初めて人工宝石がつくられた鉱物

ルビーはコランダム（鋼玉(こうぎょく)）の宝石名だ。赤を意味するラテン語の「ルベルス」に由来し、不純物としてクロムが含まれて濃い赤色になったものを指す。主産地はミャンマー、インドなど。特にミャンマーのモゴックで採れる「ピジョンブラッド（ハトの血）」は最高級品といわれ、深みのある赤ワイン色をしている。

ルビーは世界で初めて人工宝石になった鉱物としても有名だ。1891年にフランスのベルヌーイが合成に成功し、現在ではDVDのレーザー光線の光源などに合成ルビーが活用されている。

◆化学組成式：Al_2O_3
◆　色　：無、灰、黄、青、紫など（※サファイア）
◆条　痕：無
◆光　沢：ガラス
◆劈　開：なし

硬度　9（0　5　10）
比重　4.0（0　5　10）

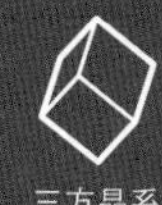

三方晶系
酸化鉱物

12

サファイア

赤色以外のコランダムはすべてサファイアに

鉱物 ▼ コランダム（鋼玉）

⇑ルチルを含有して星形の筋状に輝くスターサファイア。

⇑母岩にのったサファイアの六角板状結晶。（†ロシア・ウラル地域イルメン山脈）

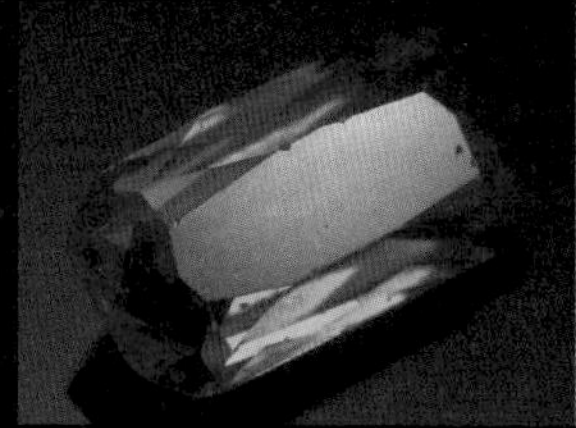

⇑人工的につくられた合成サファイア。（†アメリカ・ジョージア州アトランタ）

ルチルが混入して星形にも輝く

サファイアは、赤色以外の色を呈する宝石質のコランダム（鋼玉〔こうぎょく〕）だ。主産地はスリランカ、タイ、オーストラリアなど。なかでも、透明度のある深い青色のものが最高級とされる。また、ルチルを含有して星彩〔アステリズム〕効果を表すスターサファイアや、スリランカ産の「パパラチア（蓮の花）」と呼ばれるピンクオレンジサファイアも希少価値がある。

融点がセ氏2000度以上もあり硬度も高い。そのため人工的な合成サファイアが、人工衛星の観測窓や半導体基板、LED発光素子の製造などに利用されている。

◆化学組成式：(C,H,O)
◆ 色 ：黄、茶褐～赤褐
◆条 痕：白
◆光 沢：樹脂
◆劈 開：なし

硬度 2～2.5

比重 1.1

非晶質
有機鉱物

13

琥珀（アンバー）

太古の虫を封入したタイムカプセル

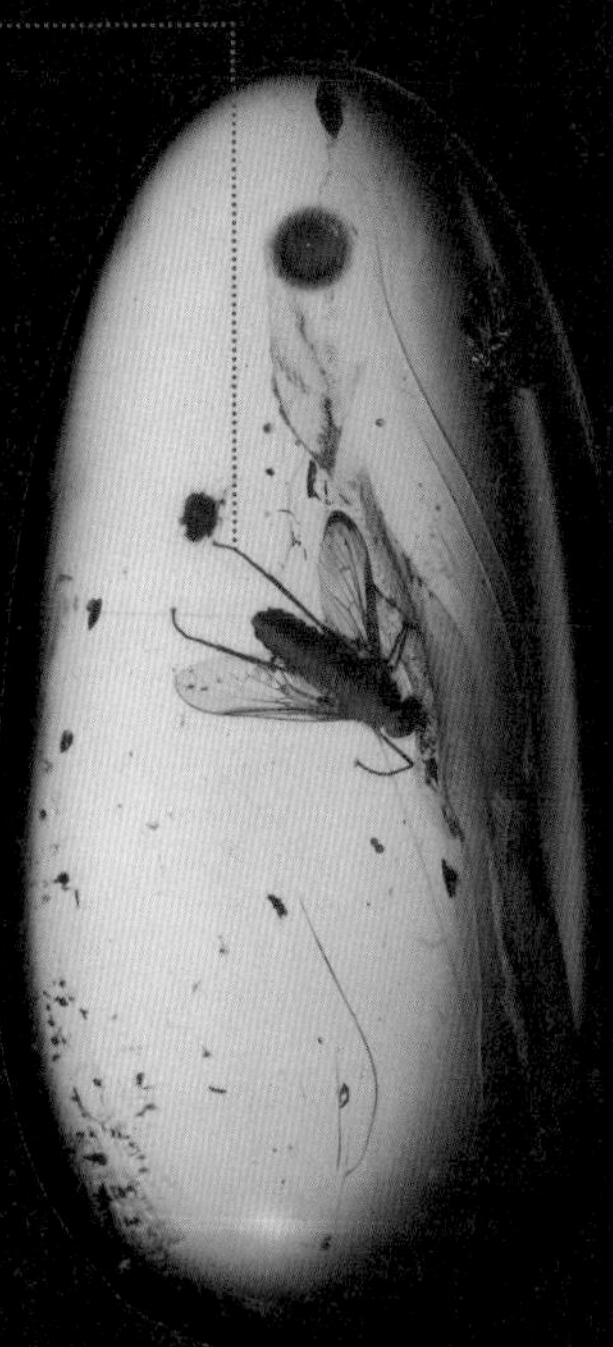

CHECK!

虫入り琥珀

東ロシアで産出したバルチックアンバー。シギアブ科のハエが入ったまま化石化した琥珀のペンダントで、2500万～4000万年前の漸新世のもの。虫入り琥珀は、年代測定の鍵になるだけでなく、アクセサリーとしても人気がある。

◆世界の鉱物遺産

琥珀の間

ロシアのエカテリーナ宮殿は、帝国時代のロココ建築の宮殿で琥珀の間がとりわけ有名だ。琥珀は第二次世界大戦中にドイツ軍に持ち去られたが、1979年から始まった復元作業により、2003年に完全に復元された。

塊状で産出する古代からの宝飾品

鉱物は無機物が基本だが、琥珀(こはく)は結晶形をとらない有機鉱物で、数百万年～数億年前の松や杉などの樹脂が化石化したものをいう。地質的なプロセスを経てできるので鉱物に分類される。塊の中に虫や木の葉などを含むことがある。主産地はバルト海沿岸地域やドミニカ共和国、日本では岩手県久慈(くじ)市が有名だ。

琥珀に似たもので、数万年前の樹液が固まったものは「コーパル」という。肉眼ではほとんど見分けがつかないが、コーパルはアルコールをたらして揮発させるとねばつくので判別できる。

◆化学組成式：SiO_2（※石英）
◆　色　：黄、黄褐、褐黒（※タイガーアイ）
◆条　痕：白
◆光　沢：ガラス
◆劈　開：なし

硬度　7　（0　5　10）
比重　2.7　（0　5　10）

三方晶系
珪酸塩鉱物

14

カボションにされると虎の目のように輝く

タイガーアイ

鉱物▼石英

↑研磨されて光沢を増したタイガーアイの断面。

CHECK!

シャトヤンシー効果

猫の目効果ともいう。タイガーアイがカボションに研磨されると、明るい筋の層が猫の目のように筋状に輝くことがあるのだ。

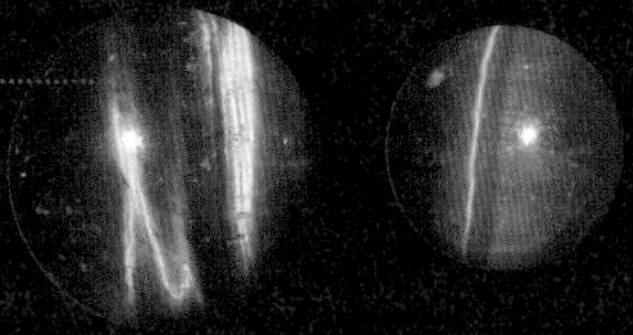

有毒の青石綿が美しい石英の結晶に

タイガーアイ（虎目石）は鉄分を含む岩石の隙間に産する鉱物だ。柔らかい石綿状のリーベック閃石が酸化分解して錆びた黄褐色になり、石英に置き換わってできる。石英に置き換わる前のリーベック閃石は、青石綿（クロシドライト）とも呼ばれる。実は白石綿（クリソタイル）の500倍もの発がん性をもつ鉱物なのだ。

タイガーアイは、特にカボションに磨かれると、金褐色の帯が虎の目の虹彩のように輝いて宝飾品になる。この独特の光彩が生み出されるのは、細かい繊維状の結晶が平行に集合しているためだ。

◆化学組成式：SiO_2（※石英）
◆　色　：無～白、黄、ピンク、紫、緑、褐黒など
◆条　痕：白
◆光　沢：ガラス
◆劈　開：なし

硬度　7
0　5　10

比重　2.7
0　5　10

三方晶系
珪酸塩鉱物

15

玉髄（ぎょくずい）

色彩豊かな自然の芸術品

鉱物▼石英

➡複雑なレース模様になった瑪瑙の断面。（大英自然史博物館標本）

⬇瑪瑙。（†オーストラリア・アゲートクリーク）

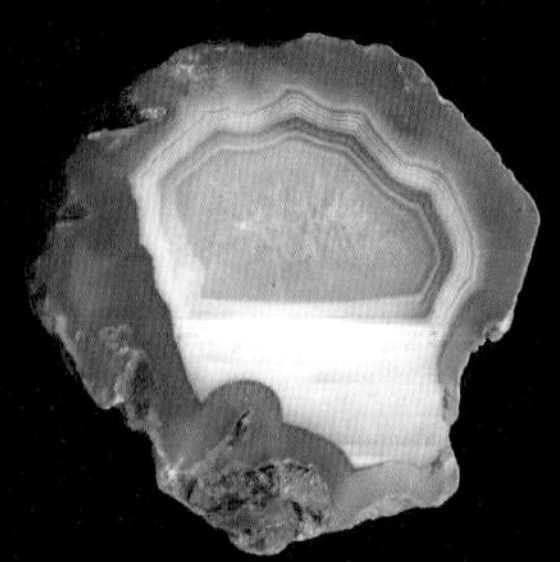

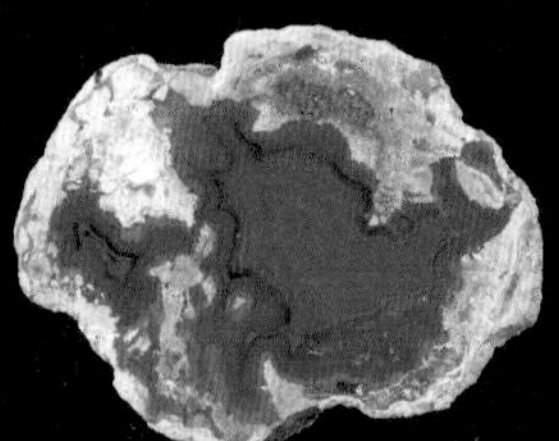

⬆瑪瑙。（†メキシコ・ソノラ）

複雑な縞模様になりバリエーションも豊富

石英（せきえい）の自形結晶は水晶（すいしょう）と呼ばれるが、微細な結晶粒が塊状になったものは「玉髄（ぎょくずい）（カルセドニー）」という。玉髄は含有する微量成分によって豊かな色合いや模様をもつため、美しいものは宝飾品にされて人気がある。世界中で普通に産出する鉱物だが、美しいものは希少だ。産地によっては複雑なレース模様になることもある。

　玉髄のなかでも顕著に縞模様になったものは瑪瑙（めのう）（アゲート）、特に平行の縞模様をもつ瑪瑙はオニクス、不純物を含んで不透明なものは碧玉（へきぎょく）（ジャスパー）、血痕に似た赤色の斑点が入った碧玉はブラ

←樹枝状の模様が入った玉髄（苔瑪瑙）。玉髄は二酸化マンガンなどの成分が染み込んで苔に似た樹枝状の模様が現れるものもあり、より複雑なバリエーションを生み出す。（†インド・デカン高原ブンデルカンド地区ケンリバー）

↑碧玉。流紋岩などの小さな岩石球を取り込んで複雑な模様になったマダガスカル産の碧玉は「オーシャンジャスパー」と呼ばれる。

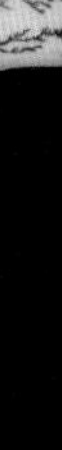

↑緑玉髄。宝石名として「クリソプレーズ」とも呼ばれる。（†ニューカレドニア）

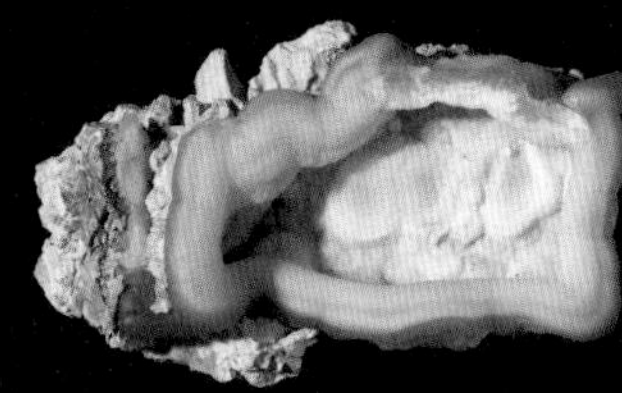

↑地表付近の岩石に沈澱してできた玉髄。紫外線を当てると蛍光する。（†アメリカ・ニューメキシコ州ヒダルゴ郡）

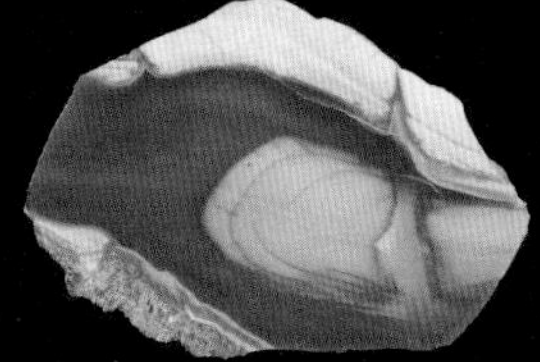

←碧玉。メキシコに産出する独特の泡模様をもつ碧玉で、インペリアルジャスパーなどと呼ばれる。

ッドストーンと呼ばれる。また、ニッケルを含んで緑色になったものは緑玉髄（みどりぎょくずい）、鉄を含んで赤褐色になった玉髄はカーネリアンやサードという。だが実のところ区別は明確ではないし、日本では玉髄も含めて瑪瑙と総称されてきた。瑪瑙は中国由来の言葉で、団塊の表面が馬の脳に似た形をしていることに由来する。いずれにしても、幾何学的な規則性と有機的な偶然性が好まれる、人気のある石だ。

現在、瑪瑙は宝石の下位に属する半貴石とされているが、古代ヨーロッパや西アジアにおいては宝石とされてきた。特に目玉模様をもつ瑪瑙は、怨恨や嫉妬などの「邪眼」を退ける魔除けの力があると信じられていたからだ。

- 化学組成式：Au
- 色　：黄金
- 条　痕：黄金
- 光　沢：金属
- 劈　開：なし

硬度　2.5（0　5　10）

比重　19.3（純金）（0　10　20）

16

立方晶系
元素鉱物

金（きん）

最も高価な貴金属

鉱物▼自然金

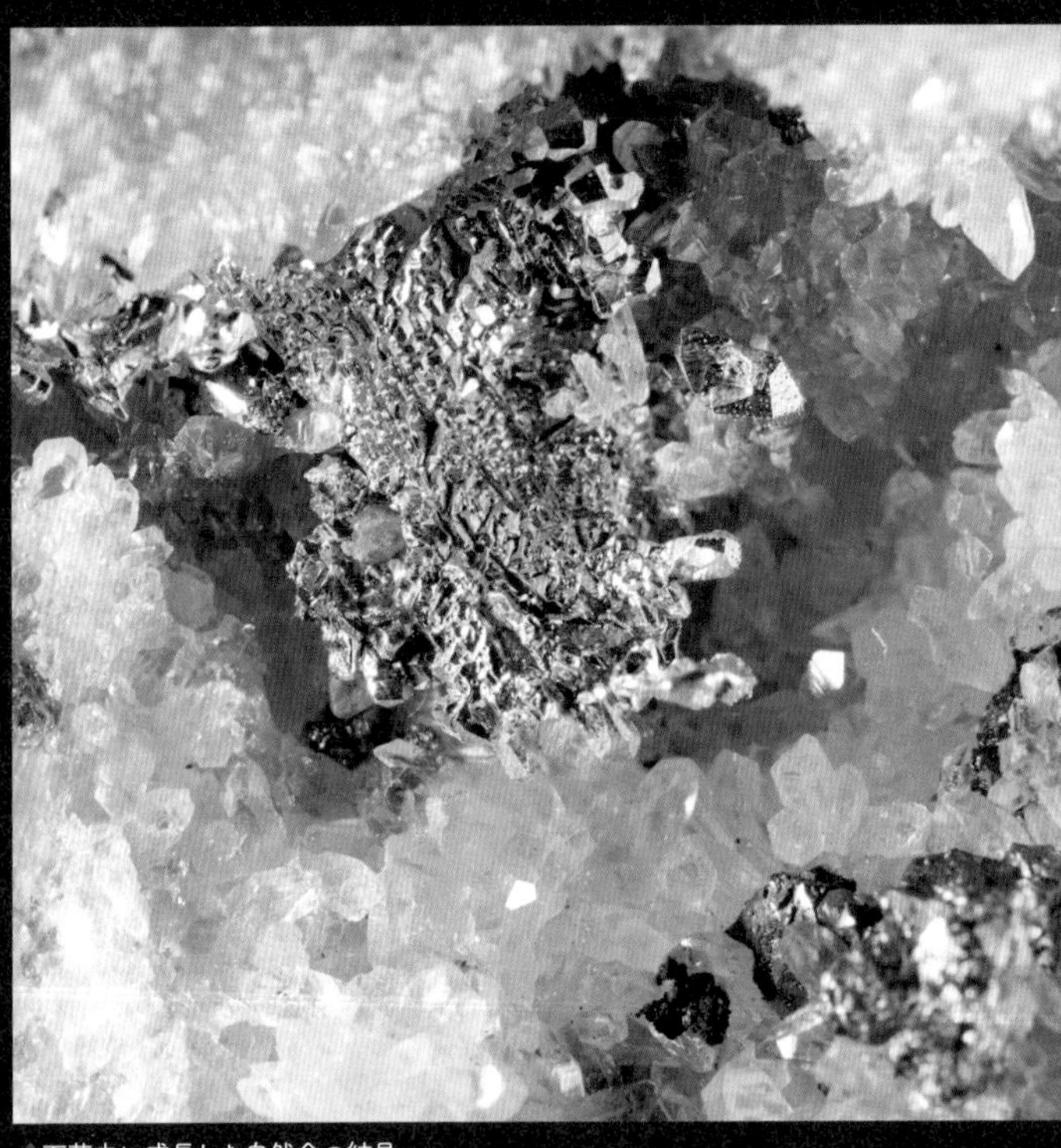

↑石英中に成長した自然金の結晶。

自然金は砂金になるほど純度が高い

自然金は、主に金と銀からなる元素鉱物で、元素記号はラテン語で金を意味する「Aurum（オーラム）」に由来する。古くから装飾品や貨幣として流通してきた貴金属だが工業的な用途も幅広い。電気伝導性が高くて耐食性に優れていることから携帯電話の電子基板などに使われるほか、赤外線をよく反射することから人工衛星や高層ビルのガラスにコーティングされることがある。

八面体や十二面体の結晶形は稀で、粒状、紐状、箔状で産する。黄鉄鉱（おうてっこう）や金雲母（きんうんも）と肉眼で区別しにくいこともあるが、金は1万分の1ミリの薄さに延ばすことができるほど延性

◆世界の鉱物遺産

中尊寺金色堂

岩手県平泉町の中尊寺金色堂は、1124年に建立された平安時代の仏堂で、仏像のみならず堂内の床から天井に至るまで黒漆金箔で飾られている。まさに日本の黄金文化の精華。往時の金は、岩手県陸前高田市の玉山金山から採掘されたという。

↑砂金は山金が河川に流されて堆積するものなので、山金よりも銀が溶け出している分、純度が高い。

↑樹枝状に集まった小さな金の結晶。（†兵庫県和田山町朝日鉱山／科博標本）

⇒古代エジプト文明を代表するツタンカーメン王の黄金マスクには、金のほかラピスラズリ、トルコ石、カーネリアン、黒曜石などが使われている。

に優れており、条痕や硬度でも区別できる。なんと、1グラムの金は3000メートルも延ばすことができるのだ。

岩石中に見つかる自然金を山金（やまきん）というが、砂金として堆積物中にもよく見られる。砂金は山金よりも純度が高く、山金が12～20金で銀を含んで白っぽくなるのに対し、砂金は18～22金になることが多い。

ところで、金の純度は慣習的に24分率で表される。純金をK24と表し、K18は金の含有率が24分の18、すなわち75パーセントを意味する。Kはカラットと読み、宝石の重さを表す「Carat（カラット）」とは意味が異なる。また、宝飾品などの合金では、補強・色調整のために銅や鉄、アルミニウムなどが混ぜられるのが普通だ。

◆化学組成式：Ag
◆色：銀白
◆条痕：銀白
◆光沢：金属
◆劈開：なし

硬度 2.5

比重 10.5

立方晶系
元素鉱物

17

貴金属や食器に利用される 銀

鉱物▼自然銀

CHECK!

銀の樹枝状結晶

天然の銀は、樹枝状や箔状、ひげ状などで産する。写真の標本は、酸化した銀が黒ずんで見える。

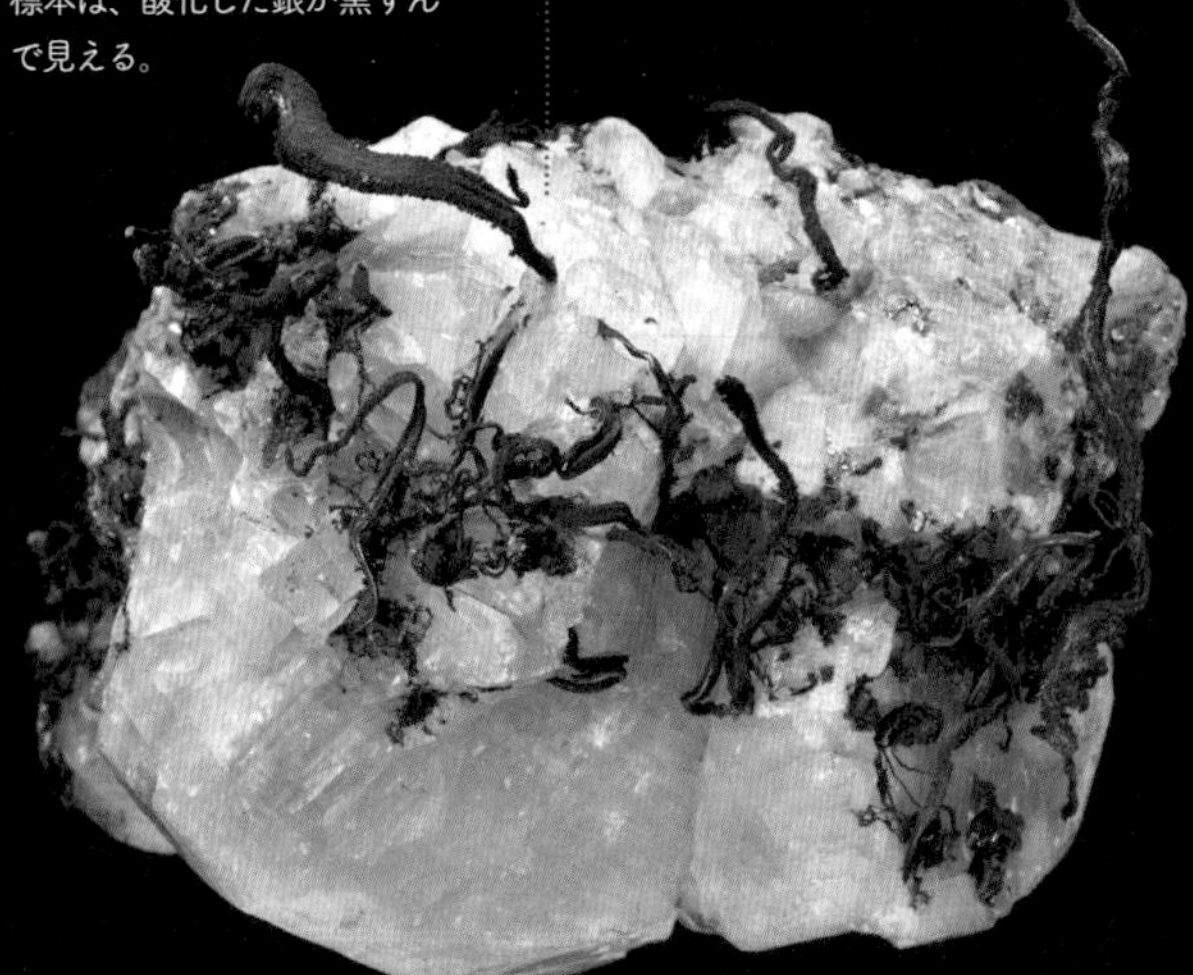

↑ノルウェーのコングスベルグには王室所有の銀鉱山があったが、現在は観光地となっている。かつては良質の結晶標本が産出した。（†ノルウェー・コングスベルグ／大英自然史博物館標本）

変色しやすいので保管には注意が必要

銀は硫黄と反応して硫化銀をつくり黒く変色するが、本来は反射率が高いため貴金属として珍重される。銀イオンは強い殺菌力があることから食器や抗菌剤として使われたり、金属中最大の熱伝導率・電気伝導率があることから家電製品に利用されたりする。銀のハロゲン化物（臭化銀）は光が当たると色が変わるため、銀板写真に利用された。ブロマイドとは臭化物を意味するのだ。

銀は普通、輝銀鉱や濃紅銀鉱などの銀鉱石を精錬して採られる。日本では、江戸幕府の財政を支えた石見銀山が世界遺産に登録されている。

◆化学組成式：Pt
◆　色　：錫白
◆条　痕：鋼灰
◆光　沢：金属
◆劈　開：なし

硬度　4～4.5
比重　21.5（純白金）

立方晶系
元素鉱物

18

白金（はっきん）

貴金属としてもレアメタルとしても活躍

鉱物▼自然白金

CHECK!

白金の塊状結晶

肉眼では区別できないが、普通は白金族の他の元素も含む。貴金属のプラチナも、強度を増すためにイリジウムなどを含むことが多い。（大英自然史博物館標本）

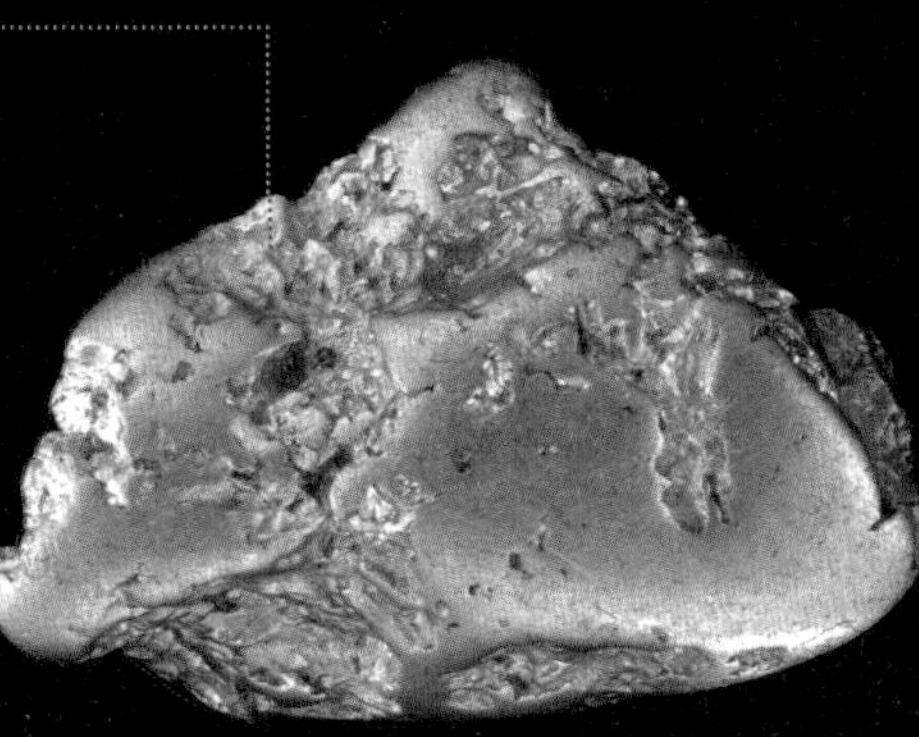

↑白金族のルテニウム。ハードディスクの材料として重要なレアメタルだ。

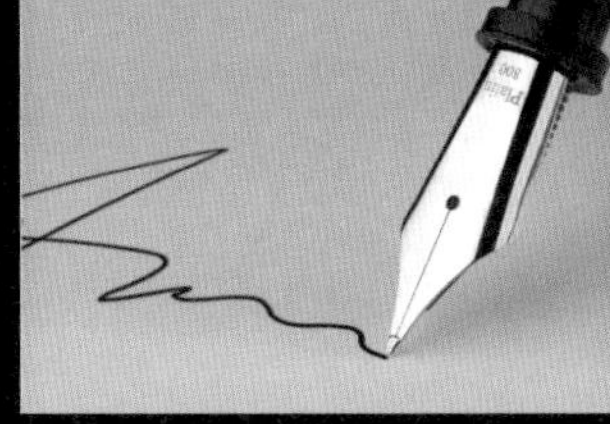

↑先端にイリジウムが使用された万年筆。イリジウムの適度な硬さが筆記に最適なのだ。

化学反応が起きにくく高温でも溶けない！

自然白金（はっきん）は普通、ともに白金族を構成するパラジウム、ロジウム、ルテニウム、イリジウム、オスミウムが混ざりながら産出し、鉄も含むことがある。特にイリジウムやオスミウムは万年筆のペン先に使われていることでも有名だ。

腐食しにくい白金は宝飾品にされるほか、高温でも溶けにくく化学反応が起きにくいため、排気ガスを浄化する触媒や化学分析用のるつぼに使われる。主産地は南アフリカとロシアがほとんどを占める。北海道では風化した橄欖岩（かんらんがん）から分離した白金が、川の堆積物中に砂白金（さ）として産する。

シエラレオネのイェンゲマでダイヤモンド採掘に従事していた住民たち。

Column

反政府武装勢力の資金源になる
紛争ダイヤモンド

宝石の王様であるダイヤモンドだが、その原産地の多くはそれを宝飾品として楽しむ環境に置かれていないことが多い。むしろ、ダイヤモンドが国家や反政府武装勢力にとって武器購入の資金源となっているケースがあり、このようなダイヤモンドを紛争ダイヤモンドと称する。

紛争ダイヤモンドを一気に有名にしたのはレオナルド・ディカプリオ主演で2007年に公開された映画『ブラッド・ダイヤモンド』（血塗られたダイヤモンドの意）である。映画は西アフリカのシエラレオネで、ダイヤモンドが反政府武装勢力の資金源として使われていた実際の出来事に基づいてつくられている。

シエラレオネのほかにもアンゴラ、リベリア、コンゴ、コートジボワールなどアフリカのダイヤモンド産出国の多くが武器購入のために紛争ダイヤモンドの輸出を行ってきた。反政府勢力がダイヤモンド鉱山を占拠し、拉致してきた現地人や少年を強制的に採掘に駆り出すケースも多い。

紛争ダイヤモンドは内戦の長期化につながることから、当事国に対して国連安保理は制裁を科すとともに、出自の明らかでないダイヤモンドの取引を行わないよう業界関係者に勧告してきた。そのおかげで90年代には世界で取引されるダイヤモンドのうち15パーセントが紛争ダイヤモンドといわれていたのが、現在は1パーセント以下になったといわれている。

PART 5

厳選！
鉱物早見図鑑

世界には約 5600 種の鉱物が知られているが、本章ではそのうちの代表的なものを約 180 種ほどに厳選し、化学組成に基づく分類をした。また、普通の専門図鑑とは異なり、すべてではないが比較的入手しやすい標本を中心に編んでいる。鉱物を学ぶには手元に鉱物をもつことをおすすめしたいので、採集に出かけたり、鉱物標本店で購入したりして、自分だけの標本を手にするのもいいだろう。

NATIVE ELEMENTS

元素鉱物

＋＋＋

元素鉱物は、化合物ではなく基本的には1種の元素から構成される鉱物のほか、合金が含まれる。希少なものも多いが、ここでは代表的な元素鉱物を取り上げる。なお、元素鉱物には「自然」を冠することがあり、鉱物名はそれにならっている。

自然金（しぜんきん）

Gold

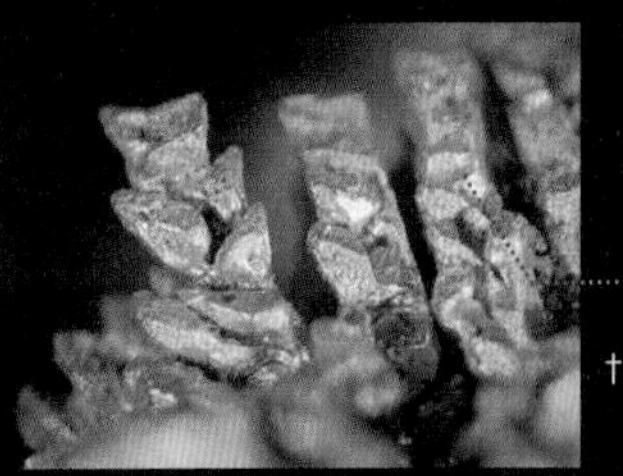

樹枝状の結晶

†兵庫県和田山町朝日鉱山（科博標本）

熱水鉱脈、接触交代鉱床中に見られる。粒状、ひも状、箔状、樹枝状で産する。砂金として堆積物中にもよく見られる。

DATA　◆Au ◆立方晶系 ◆色：黄金 ◆条痕：黄金 ◆光沢：金属 ◆硬度：2.3～2.5 ◆比重：15～19.3（純金）◆劈開：なし

自然銅（しぜんどう）

Copper

塊状の結晶

†アメリカ・ミシガン州

蛇紋岩、結晶片岩、銅鉱床の酸化帯に見られる。樹枝状、箔状、塊状の集合で、小さな六面体や十二面体の結晶形も示す。新鮮なものは赤銅色をしている。

DATA　◆Cu ◆立方晶系 ◆色：銅赤 ◆条痕：銅赤 ◆光沢：金属 ◆硬度：2.5～3 ◆比重：8.9 ◆劈開：なし

自然銀（しぜんぎん）

Silver

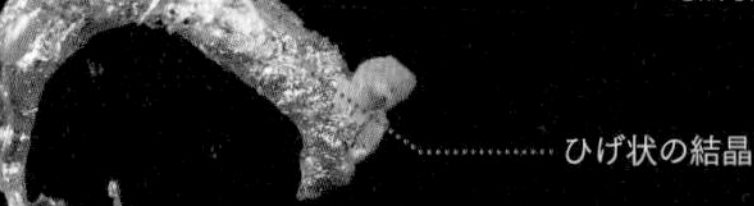

ひげ状の結晶

†北海道札幌市南区豊羽鉱山（松原標本）

熱水鉱脈や銀の硫化物を含む鉱床の酸化帯に見られる。ひげ状、箔状になりやすく、硫化水素の多い場所ではすぐに表面が黒く変化する。

DATA　◆Ag ◆立方晶系 ◆色：銀白 ◆条痕：銀白 ◆光沢：金属 ◆硬度：2.5～3 ◆比重：10.5 ◆劈開：なし

自然白金（しぜんはっきん）

Platinum

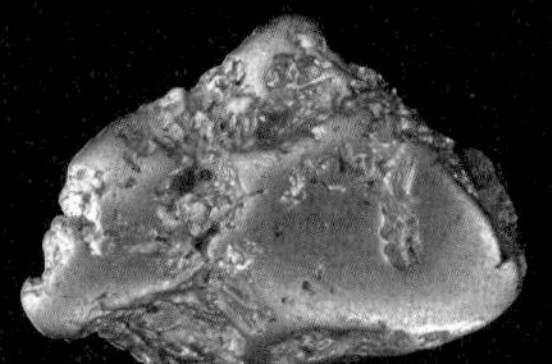

大英自然史博物館標本

超苦鉄質深成岩中に見られる。日本では川の堆積物中に砂金に混じって砂白金として見られる。普通は鉄や他の白金族元素を含む。

DATA　◆Pt ◆立方晶系 ◆色：錫白 ◆条痕：鋼灰 ◆光沢：金属 ◆硬度：4～4.5 ◆比重：21.5（純白金）◆劈開：なし

自然硫黄（しぜんいおう）

Sulfur

硫黄の結晶

†イタリア・シチリア島

火山の噴気孔付近でよく見られる。細長い四角錐状の結晶形を示すが、大きな塊状でも産する。硫酸の原料、紙やゴムの製造に使われる。

DATA　◆S ◆直方晶系 ◆色：黄 ◆条痕：白 ◆光沢：樹脂～脂肪 ◆硬度：1.5～2.5 ◆比重：2.1 ◆劈開：なし

ダイヤモンド
Diamond

十二面体の結晶

†南アフリカ・キンバリー（松原標本）

キンバレー岩中に産する最も硬い鉱物で、多くは八面体の結晶形を示す。空気中で焼くと二酸化炭素になり、酸素のないところで焼くと石墨に変わる。

DATA　◆C ◆立方晶系 ◆色：無（灰、黄、青、ピンクなど）◆条痕：無 ◆光沢：ダイヤモンド ◆硬度：10 ◆比重：3.5 ◆劈開：四方向に完全

石墨（せきぼく）
Graphite

塊状の結晶

†メキシコ

接触変成岩、片麻岩、苦鉄質火成岩、堆積岩中などに見られる。結晶は六角板状を示すが、普通は塊状。ダイヤモンドとは同質異像。電極、耐火物、鉛筆の芯などに使用される。

DATA　◆C ◆六方・三方晶系 ◆色：黒 ◆条痕：黒 ◆光沢：金属、土状 ◆硬度：1～1.5 ◆比重：2.2 ◆劈開：一方向に完全

自然（しぜん）テルル
Tellurium

†メキシコ・バンボラ鉱山

熱水鉱脈中に見られる。普通は小さな針状結晶の集合体を示し、稀に六角柱状の結晶が見られる。黄色いテルル酸化物に覆われることがある。

DATA　◆Te ◆三方晶系 ◆色：錫白 ◆条痕：灰 ◆光沢：金属 ◆硬度：2～2.5 ◆比重：6.2 ◆劈開：三方向に完全

自然砒（しぜんひ）
Arsenic

金平糖状の
集合体

†福井県美山町赤谷鉱山

熱水鉱脈、接触交代鉱床中に見られる。皮状、ぶどう状、金平糖状などの集合体を示し、結晶形は菱形六面体。空気中で光沢を失い、表面から黒褐色に変化していく。

DATA　◆As ◆三方晶系 ◆色：錫白 ◆条痕：錫白 ◆光沢：金属 ◆硬度：3.5 ◆比重：5.7～5.8 ◆劈開：一方向に完全、三方向に明瞭

自然鉄（しぜんてつ）
Iron

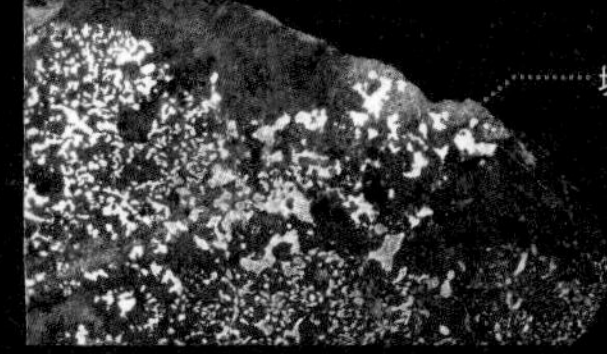

†ロシア・プトラナ平原

鉄が単体で見られることは稀で、玄武岩中などに粒状で産する。地球上の元素のなかでは、酸素、ケイ素、アルミニウムに次いで多く、隕石中に見られることもある。

DATA　◆Fe ◆立方晶系 ◆色：鋼灰 ◆条痕：鋼灰 ◆光沢：金属 ◆硬度：4 ◆比重：7.8～7.9 ◆劈開：なし

自然蒼鉛（しぜんそうえん）
Bismuth

†兵庫県養父市大屋町
明延鉱山（櫻井標本）

熱水鉱脈や接触交代鉱床中に塊状で見られる。劈開がよく発達し、少しピンク色を帯びているので区別できる。ビスマスの鉱石鉱物。

DATA　◆Bi ◆三方晶系 ◆色：銀白 ◆条痕：銀白 ◆光沢：金属 ◆硬度：2～2.5 ◆比重：9.8 ◆劈開：一方向に完全、三方向に良好

SULPHIDE MINERALS

硫化鉱物

＋＋＋

硫化鉱物は、硫黄(S)と結合した鉱物である(硫塩鉱物も含む)。金属光沢をしており、鉱石鉱物が多いのが特徴だ。

黄鉄鉱（おうてっこう）

Pyrite

†スペイン・ログローニョ

六面体の結晶

熱水鉱脈をはじめいろいろな場所によく見られる鉱物。多くは六面体や十二面体の結晶形を示す。昔は硫酸を採るために採掘されたことがあるが、今は標本としてのみ利用される。

DATA ◆ FeS_2 ◆立方晶系 ◆色：真鍮黄 ◆条痕：帯緑黒〜帯褐黒 ◆光沢：金属 ◆硬度：6 〜 6.5 ◆比重：5.0 ◆劈開：なし

磁硫鉄鉱（じりゅうてっこう）

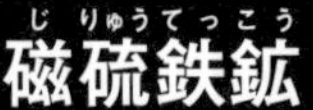

Pyrrhotite

†埼玉県秩父鉱山（櫻井標本）

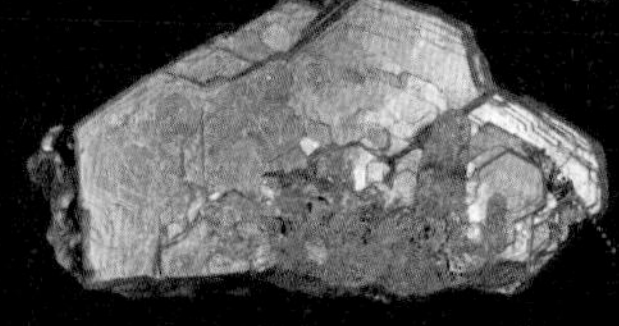

熱水鉱脈、接触交代鉱床中などに見られる鉄の硫化鉱物。六角板状の結晶形を示すが、多くは塊状で産する。弱い磁力があるので、黄鉄鉱とは区別できる。

DATA ◆ $Fe_{1-x}S$ ◆単斜・六方・直方晶系 ◆色：ブロンズ ◆条痕：灰黒 ◆光沢：金属 ◆硬度：3.5 〜 4.5 ◆比重：4.6 〜 4.7 ◆劈開：なし

白鉄鉱（はくてっこう）

Marcasite

†長野県川上村大深山

白鉄鉱の板状結晶

石英の結晶

熱水鉱脈、黒鉱鉱床、火山の噴気孔、堆積岩中などに見られる。斜方柱状、板状の結晶形を示すが、塊状の場合は同質異像の黄鉄鉱とは肉眼で区別できない。硫酸の原料にされる。

DATA ◆ FeS_2 ◆直方晶系 ◆色：黄銅 ◆条痕：灰黒 ◆光沢：金属 ◆硬度：6 〜 6.5 ◆比重：4.9 ◆劈開：二方向に良好

黄銅鉱（おうどうこう）

Chalcopyrite

†ブルガリア・マダン地方モヒラタ鉱山

熱水鉱脈、接触交代鉱床、黒鉱鉱床中などに見られる銅の重要な鉱石鉱物。やや扁平な四面体の結晶形を示すが、多くは塊状。黄鉄鉱に似ているが、黄色みが強く、硬度が低い。

DATA ◆ $CuFeS_2$ ◆正方晶系 ◆色：真鍮黄 ◆条痕：緑黒 ◆光沢：金属 ◆硬度：3.5 〜 4 ◆比重：4.1 〜 4.3 ◆劈開：なし

硫砒鉄鉱（りゅうひてっこう）

Arsenopyrite

†中国湖南省瑶崗仙

主に熱水鉱脈、接触交代鉱床中に見られ、菱形短柱状や長柱状の結晶形を示す。形態で黄鉄鉱と区別できるが、塊状のものは区別がむずかしい。亜ヒ酸の原料になる。

DATA ◆ FeAsS ◆単斜晶系 ◆色：銀白〜鋼灰 ◆条痕：灰黒 ◆光沢：金属 ◆硬度：5.5 〜 6 ◆比重：6.0 〜 6.2 ◆劈開：一方向に明瞭

どうらん
銅藍（コベリン）
Covellite

†アメリカ・モンタナ州
レオナード鉱山

熱水鉱脈や銅鉱床の酸化帯に見られる鉱物でコベリンとも呼ばれる。独特な藍色で、六角鱗片状結晶や皮膜状を示す。銅の鉱石鉱物。

DATA ◆ CuS ◆六方晶系 ◆色：濃藍 ◆条痕：灰黒 ◆光沢：亜金属 ◆硬度：1.5 ～ 2 ◆比重：4.7 ◆劈開：一方向に完全

ひしめんどうこう
砒四面銅鉱
Tennantite

†ペルー・リマ・カサパルカ鉱山

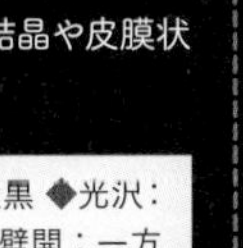

熱水鉱脈や接触交代鉱床中に見られる正四面体の結晶形を示す。銅、ヒ素、硫黄が主成分だが、鉄、亜鉛、銀、アンチモン、テルルなど多種類の金属元素を含む銅の鉱石鉱物。

DATA ◆ $(Cu,Fe,Zn)_{12}(As,Sb)_4S_{13}$ ◆立方晶系 ◆色：灰黒 ◆条痕：褐～黒 ◆光沢：金属 ◆硬度：4 ◆比重：4.6 ◆劈開：なし

しんぎんこう
針銀鉱
Acanthite

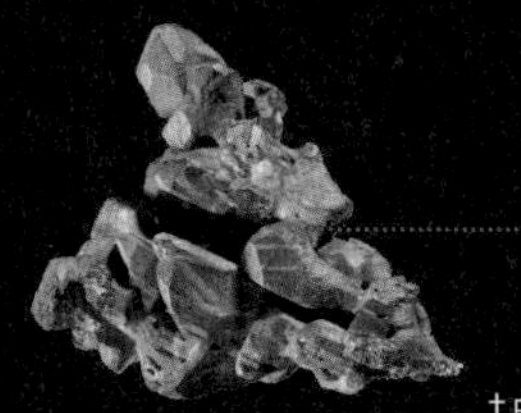

†中国安徽省黄銅山鉱山

熱水鉱脈中に見られる。最初から針銀鉱として成長したものは針状の結晶形だが、輝銀鉱として成長したものは等軸晶系型の六面体、八面体の結晶形を示す。銀の重要な鉱石鉱物。

DATA ◆ Ag_2S ◆単斜晶系 ◆色：黒 ◆条痕：黒 ◆光沢：金属 ◆硬度：2 ～ 2.5 ◆比重：7.2 ～ 7.4 ◆劈開：なし

はんどうこう
斑銅鉱
Bornite

†メキシコ・
サカテカス州ラノリア鉱山

熱水鉱脈、接触変成鉱床、黒鉱鉱床、含銅硫化鉄鉱鉱床中などに見られる。普通は塊状で、新鮮なうちは赤銅色だが、空気中に置くと青紫色に変化する。銅の重要な鉱石鉱物。

DATA ◆ Cu_5FeS_4 ◆直方（擬正方）晶系 ◆色：銅赤 ◆条痕：黒灰 ◆光沢：金属 ◆硬度：3 ◆比重：5.1 ◆劈開：なし

せんあえんこう
閃亜鉛鉱
Sphalerite

†秋田県鹿角市尾去沢鉱山

熱水鉱脈、接触交代鉱床、黒鉱鉱床中などに見られる亜鉛の重要な鉱石鉱物。四面体、十二面体などの結晶形を示す。鉄の含有量が少ないと黄色から黄褐色、鉄が多くなると黒褐色になる。

DATA ◆ ZnS ◆立方晶系 ◆色：黄、褐、黒 ◆条痕：黄、褐 ◆光沢：樹脂、ダイヤモンド ◆硬度：3.5 ～ 4 ◆比重：3.9 ～ 4.1 ◆劈開：六方向に完全

のうこうぎんこう
濃紅銀鉱
Pyrargyrite

†メキシコ・グアナフアト

熱水鉱脈中に見られる。アンチモンとヒ素が置き換わり、淡紅銀鉱と化学組成が連続する。三方柱状の結晶形を示し、箔状、皮膜状にもなる銀の重要な鉱石鉱物。

DATA ◆ Ag_3SbS_3 ◆三方晶系 ◆色：深赤 ◆条痕：赤 ◆光沢：ダイヤモンド ◆硬度：2 ～ 2.5 ◆比重：5.9 ◆劈開：三方向に明瞭

車骨鉱（しゃこつこう）
Bournonite

†中国湖南省瑶崗仙

熱水鉱脈や接触交代鉱床中に見られる。斜方短柱状の結晶形を示し、双晶して車輪のような形になる。粒状・塊状のものは似た鉱物が多いので、肉眼では区別できない。銅、鉛、アンチモンの鉱石鉱物。

DATA
◆ $CuPbSbS_3$ ◆直方晶系 ◆色：鋼灰 ◆条痕：灰黒 ◆光沢：金属 ◆硬度：2.5 ～ 3 ◆比重：5.8 ◆劈開：なし

方鉛鉱（ほうえんこう）
Galena

†アメリカ・ミズーリ州スウィートウォーター鉱山

主に熱水鉱脈、接触交代鉱床中に見られる鉛の重要な鉱石鉱物。立方体の結晶形を示すことが多く、劈開も立方体になる。新鮮なものは光沢がいいが、すぐに表面が酸化してくすんでいく。

DATA
◆ PbS ◆立方晶系 ◆色：鉛灰 ◆条痕：鉛灰 ◆光沢：金属 ◆硬度：2.5 ◆比重：7.6 ◆劈開：三方向に完全

輝安鉱（きあんこう）
Stibnite

†中国江西省九江市武宇鉱山

熱水鉱脈中に見られるアンチモンの最も重要な鉱石鉱物。先端が尖った針状や柱状結晶を示す。結晶の伸びの方向に条線が発達する。

DATA
◆ Sb_2S_3 ◆直方晶系 ◆色：鉛灰 ◆条痕：鉛灰 ◆光沢：金属 ◆硬度：2 ◆比重：4.6 ◆劈開：一方向に完全

毛鉱（もうこう）
Jamesonite

†大分県豊後大野市豊栄鉱山（松原標本）

熱水鉱脈、接触交代鉱床中に見られる、毛状や針状になりやすい金属鉱物。鉛とアンチモンが主成分なので、それぞれの鉱石になる。

DATA
◆ $Pb_4FeSb_6S_{14}$ ◆単斜晶系 ◆色：鉛灰～黒 ◆条痕：灰黒 ◆光沢：金属 ◆硬度：2.5 ◆比重：5.6 ◆劈開：一方向に良好

鶏冠石（けいかんせき）
Realgar

†ペルー・パロモ鉱山

熱水鉱脈や火山の噴気孔にできる。短柱状結晶や皮状集合を示し、新鮮なものは鶏の鶏冠(とさか)に似た赤色。長く陽光にさらされると、黄橙色のパラ鶏冠石に変わる。亜ヒ酸の原料に使われる。

DATA
◆ As_4S_4 ◆単斜晶系 ◆色：赤～赤橙 ◆条痕：橙赤 ◆光沢：樹脂～脂肪 ◆硬度：1.5 ～ 2 ◆比重：3.6 ◆劈開：一方向に良好

辰砂（しんしゃ）
Cinnabar

†中国貴州省銅仁市雲場坪鉱山

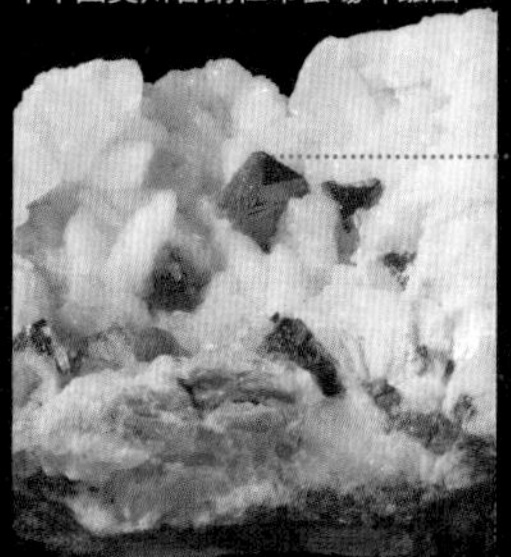

熱水鉱脈中に見られる重要な水銀の鉱石鉱物。菱形六面体の結晶形や複雑に双晶した結晶形を示すほか、塊状で熱水変質した火成岩中に見られる。

DATA
◆ HgS ◆三方晶系 ◆色：深紅 ◆条痕：紅 ◆光沢：ダイヤモンド～亜金属 ◆硬度：2 ～ 2.5 ◆比重：8.2 ◆劈開：三方向に明瞭

輝水鉛鉱（きすいえんこう）
Molybdenite

†カナダ・モリーヒル鉱山

熱水鉱脈、接触交代鉱床、花崗岩ペグマタイト中に見られる、すべすべした感触の鉱物。六角板状の結晶形を示す。モリブデンの重要な鉱石鉱物で、潤滑剤としても利用される。

DATA ◆ MoS_2 ◆六方・三方晶系 ◆色：鉛灰 ◆条痕：鉛灰 ◆光沢：金属 ◆硬度：1〜1.5 ◆比重：4.8 ◆劈開：一方向に完全

輝蒼鉛鉱（きそうえんこう）
Bismuthinite

†北海道札幌市手稲鉱山（松原標本）

熱水鉱脈、接触交代鉱床中に見られる鉱物。稀に針状や柱状の結晶形を示すが、集合して放射状になることもある。外観は輝安鉱に似ている。ビスマスの鉱石鉱物。

DATA ◆ Bi_2S_3 ◆直方晶系 ◆色：鉛灰 ◆条痕：鉛灰 ◆光沢：金属 ◆硬度：2〜2.5 ◆比重：6.8 ◆劈開：一方向に完全

輝コバルト鉱（きこばるとこう）
Cobaltite

†スウェーデン・ハカンボダ鉱山

接触交代鉱床、熱水鉱脈鉱床中に見られる鉱物。粒状の結晶が集合することが多く、銀白色に薄くピンク色を帯びるのが特徴。コバルトの重要な鉱石鉱物。

DATA ◆ CoAsS ◆直方晶系 ◆色：銀白 ◆条痕：灰黒 ◆光沢：金属 ◆硬度：5.5 ◆比重：6.3 ◆劈開：三方向に明瞭

石黄（せきおう）
Orpiment

†ロシア・ベルホヤンスク

熱水鉱脈、温泉沈殿物、火山昇華物中に見られる。普通は黄色皮状の集合だが、針状や葉片状の結晶形を示すことも。亜ヒ酸（除草剤や殺虫剤）の原料になる。

DATA ◆ As_2S_3 ◆単斜晶系 ◆色：黄〜褐黄 ◆条痕：淡黄 ◆光沢：樹脂 ◆硬度：1.5〜2 ◆比重：3.5 ◆劈開：一方向に完全

針ニッケル鉱（しんにっけるこう）
Millerite

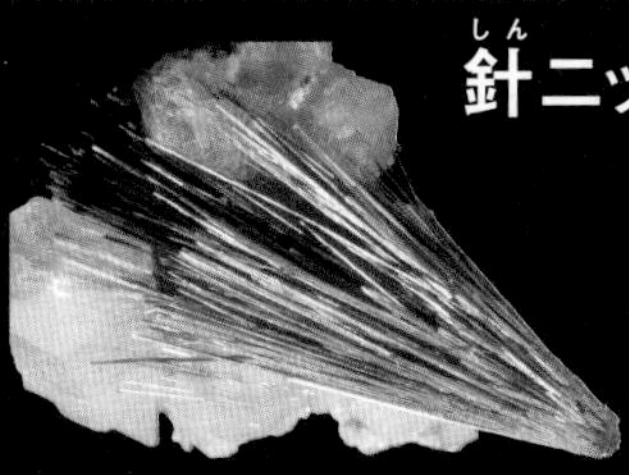

†アメリカ・ウィスコンシン州ミルウォーキー

主に蛇紋岩、斑れい岩などに見られる。針状の結晶形を示すが、多くは塊状で産する。ニッケルの鉱石鉱物。

DATA ◆ NiS ◆三方晶系 ◆色：黄銅 ◆条痕：緑黒 ◆光沢：金属 ◆硬度：3〜3.5 ◆比重：5.4 ◆劈開：三方向に完全

紅砒ニッケル鉱（こうひにっけるこう）
Nickeline

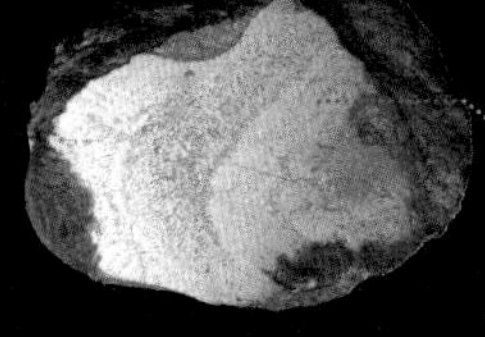

†兵庫県養父市夏梅鉱山

蛇紋岩、橄欖岩、変成マンガン鉱床中などに見られる。普通は粒状だが、ゲルスドルフ鉱と一緒に大きな球状塊をつくることもある。ニッケルの鉱石鉱物。

DATA ◆ NiAs ◆六方晶系 ◆色：淡銅赤 ◆条痕：黒 ◆光沢：金属 ◆硬度：5〜5.5 ◆比重：7.8 ◆劈開：なし

アタカマ石

Atacamite

†チリ・ラファローラ鉱山

銅の鉱石鉱物。黄銅鉱などの銅鉱物が地表近くで分解してできる二次鉱物。塩素も主成分として入っているため、日本では海岸近くにある鉱石の表面などに見られる。

DATA ◆ $Cu_2(OH)_3Cl$ ◆直方晶系 ◆色：緑 ◆条痕：緑 ◆光沢：ガラス～ダイヤモンド ◆硬度：3～3.5 ◆比重：3.8 ◆劈開：一方向に完全

HALIDE MINERALS

ハロゲン化鉱物

＋＋＋

ハロゲン化鉱物は、ハロゲン元素のうちフッ素〔F〕、塩素〔Cl〕、ヨウ素〔I〕、臭素〔Br〕を含む鉱物だ。特に、塩素とフッ素は地殻中に数多く存在し、工業的にも重要な役割を果たしている。

氷晶石（ひょうしょうせき）

Cryolite

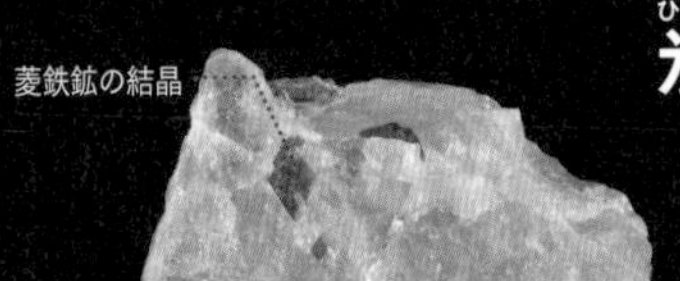

†グリーンランド・イビッツート

主に花崗岩ペグマタイト中に見られる鉱物。擬立方体の結晶形で、普通は氷のように見える塊状を示す。アルミニウム製造の溶融剤として利用された。

DATA ◆ Na_3AlF_6 ◆単斜晶系 ◆色：無～白など ◆条痕：白 ◆光沢：ガラス ◆硬度：2.5 ◆比重：3.0 ◆劈開：なし

岩塩（がんえん）

Halite

†アメリカ・ミシガン州
デトロイトソルトカンパニー

古代の海が乾燥して主に塩化ナトリウムが沈殿し、厚い層として見られる。大陸の塩湖でも沈殿が見られる。多くは立方体の結晶形である。食料や化学工業の原料になる。

DATA ◆ NaCl ◆立方晶系 ◆色：無 ◆条痕：白 ◆光沢：ガラス ◆硬度：2 ◆比重：2.2 ◆劈開：三方向に完全

†南アフリカ・リームファスマーク

蛍石（ほたるいし）

Fluorite

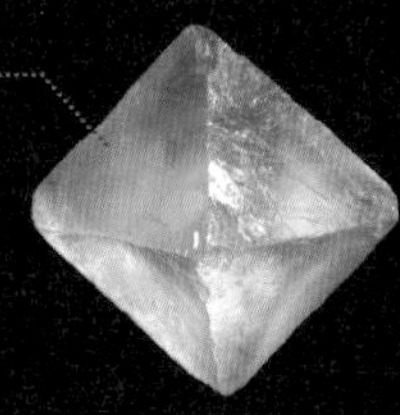

†中国湖南省

主に熱水鉱脈、接触交代鉱床、花崗岩ペグマタイト中に見られる。立方体または八面体の結晶形を示す。鉄鋼・アルミニウム製錬の溶剤やフッ化物工業の原料などとして使われる。

DATA ◆ CaF_2 ◆立方晶系 ◆色：無、灰、紫、緑、ピンク ◆条痕：白 ◆光沢：ガラス ◆硬度：4 ◆比重：3.2 ◆劈開：四方向に完全

スピネル
Spinel

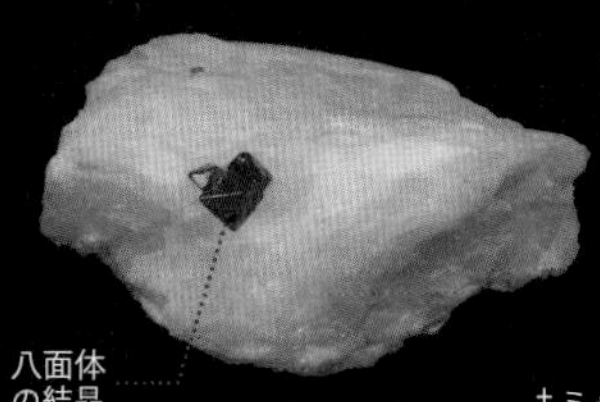

†ミャンマー・モゴック

主に石灰質片麻岩、接触変成岩中に粒状・塊状のほか、八面体の結晶形で見られる。宝石や耐火物に使われる。クロムで赤色を示すなど他の成分によって色がつく。

DATA ◆ $MgAl_2O_4$ ◆立方晶系 ◆色：無、赤、青、緑、紫、灰黒など ◆条痕：白 ◆光沢：ガラス ◆硬度：7.5～8 ◆比重：3.6 ◆劈開：なし

OXIDE MINERALS

酸化鉱物

＋＋＋

酸化鉱物は、酸素（O）や水酸化物（OH）と結びついた鉱物のほか、二酸化ケイ素（SiO_2）の鉱物が含まれることもある（本書で後者は、珪酸塩鉱物に分類した）。

クロム鉄鉱
Chromite

†鳥取県若松鉱山

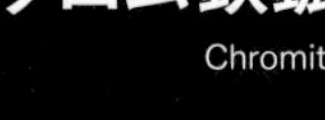

黒褐色の
塊状結晶

蛇紋岩中に層や塊をつくるクロムの重要な鉱石鉱物。八面体の結晶は稀で、普通は粒状か塊状。磁鉄鉱よりも磁力が弱いので区別できる。メッキなどに利用される。

DATA ◆ $FeCr_2O_4$ ◆立方晶系 ◆色：黒 ◆条痕：黒褐 ◆光沢：金属 ◆硬度：5.5～6 ◆比重：4.8～5.1 ◆劈開：なし

磁鉄鉱
Magnetite

†ボリビア・ポトシ・ワキノ鉱山

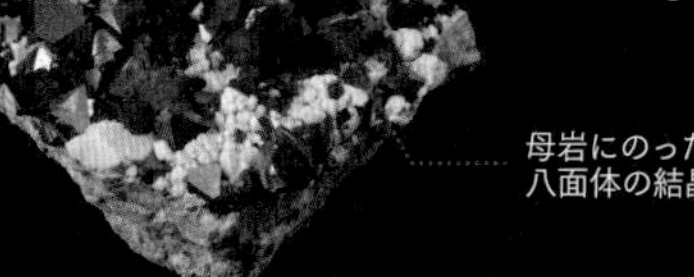

母岩にのった
八面体の結晶群

鉄の重要な鉱石鉱物。さまざまな岩石中に見られ、磁力をもつ。普通は粒状だが、八面体や十二面体などの結晶形も示す。赤鉄鉱に似ているが磁性の有無や条痕で判別可。

DATA ◆ $Fe^{2+}Fe^{3+}{}_2O_4$ ◆立方晶系 ◆色：黒 ◆条痕：黒 ◆光沢：金属～亜金属 ◆硬度：5.5～6 ◆比重：5.2 ◆劈開：なし

赤銅鉱
Cuprite

†ロシア・ルプツォフスク鉱山

主に銅鉱床の酸化帯に見られる二次鉱物。六面体や八面体の結晶形を示すが、それらが集合して樹枝状・箔状のほか、ときに針状や毛状になる銅の鉱石鉱物。

DATA ◆ Cu_2O ◆立方晶系 ◆色：暗赤 ◆条痕：褐赤 ◆光沢：ダイヤモンド～亜金属 ◆硬度：3.5～4 ◆比重：6.2 ◆劈開：なし

コランダム（鋼玉）
Corundum

六角厚板状結晶
（サファイア）

†ロシア・ウラル地方イルメン山脈

片麻岩、接触変成岩、花崗岩ペグマタイト、熱水変質岩中などに見られる。六角板状や柱状の結晶形を示す。ルビーやサファイアとして宝石にされ、研磨剤としても利用される。

DATA ◆ Al_2O_3 ◆三方晶系 ◆色：無、灰、黄、青、赤、紫など ◆条痕：無 ◆光沢：ガラス ◆硬度：9 ◆比重：4.0 ◆劈開：なし

赤鉄鉱（せきてっこう）

Hematite

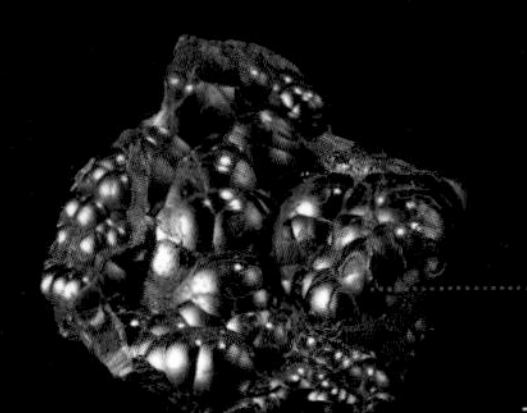

†モロッコ・アトラス山

接触交代鉱床、鉱脈鉱床で産するほか、結晶片岩、火山岩、堆積岩中などに見られる。鉄の重要な鉱石鉱物。擬六角板状・雲母状の結晶をもち、金属光沢の強いものは鏡鉄鉱と呼ばれる。

DATA ◆Fe_2O_3 ◆三方晶系 ◆色：鋼灰～黒、赤～赤褐 ◆条痕：赤～赤褐 ◆光沢：金属、土状 ◆硬度：5～6 ◆比重：5.3 ◆劈開：なし

紅亜鉛鉱（こうあえんこう）

Zincite

†アメリカ・ニュージャージー州フランクリン鉱山

亜鉛の鉱床で産する二次鉱物。結晶を示すのは稀で、普通は塊状。アメリカ・ニュージャージー州のフランクリン鉱山やスターリングヒル鉱山が産地として有名だ。

DATA ◆ZnO ◆六方晶系 ◆色：赤、橙 ◆条痕：黄橙 ◆光沢：亜ダイヤモンド ◆硬度：4 ◆比重：5.7 ◆劈開：三方向に完全

ルチル（金紅石（きんこうせき））

Rutile

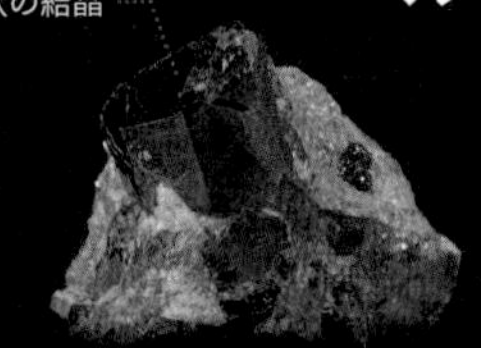

†アメリカ・カリフォルニア州チャンピオン鉱山

ほとんどの変成岩中に見られる造岩鉱物。花崗岩ペグマタイトでは、水晶中に針状結晶が含まれることも。風化に強く、砂粒として堆積し、チタン鉱石として採掘される。

DATA ◆TiO_2 ◆正方晶系 ◆色：赤、褐、黒 ◆条痕：淡黄褐 ◆光沢：ダイヤモンド～金属 ◆硬度：6～6.5 ◆比重：4.2 ◆劈開：二方向に明瞭

チタン鉄鉱（てっこう）

Ilmenite

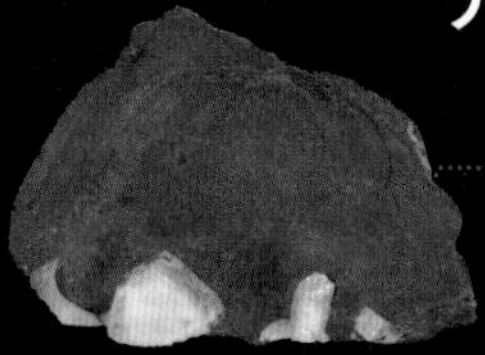

†パキスタン・ザギ山

板状結晶

火成岩中に普通に見られるチタンの鉱石鉱物。六角板状の結晶形を示すが、塊状にもなる。黒砂海岸の黒砂に含まれる主要な鉱物のひとつ。

DATA ◆$FeTiO_3$ ◆三方晶系 ◆色：黒 ◆条痕：黒 ◆光沢：金属 ◆硬度：5～6 ◆比重：4.7 ◆劈開：なし

錫石（すずいし）

Cassiterite

†ボリビア・ピロコ鉱山

熱水鉱脈、接触交代鉱床、花崗岩ペグマタイト中などに見られる錫の重要な鉱石鉱物。風化に強く、砂錫としても堆積する。四角錐状の結晶を示し、双晶して複雑な形にもなる。

DATA ◆SnO_2 ◆正方晶系 ◆色：褐～黒 ◆条痕：淡黄 ◆光沢：ダイヤモンド～金属 ◆硬度：6～7 ◆比重：7.0 ◆劈開：なし

鋭錐石（えいすいせき）

Anatase

†ブラジル・ミナスジェライス州

花崗岩や変成岩の石英脈中に見られる。ルチルや板チタン石とは同質異像。先端が尖ったピラミッド形の結晶形をとる。砂として堆積し、チタン鉱石になる。

DATA ◆TiO_2 ◆正方晶系 ◆色：褐、黒、濃藍 ◆条痕：無～淡黄 ◆光沢：ダイヤモンド～金属 ◆硬度：5.5～6 ◆比重：3.9 ◆劈開：二方向に完全

クリプトメレン鉱（こう）
Cryptomelane

微細な結晶の球状集合体

†北海道余市町国興鉱山

マンガンの鉱石鉱物のひとつ。マンガン鉱床の酸化帯や温泉沈殿物などとして見られる黒色塊状の鉱物。似たものが多く、肉眼での区別はできない。

DATA ◆ $K(Mn^{4+},Mn^{2+})_8O_{16}$ ◆単斜晶系 ◆色：灰黒 ◆条痕：灰黒 ◆光沢：亜金属、土状 ◆硬度：4〜6 ◆比重：4.4 ◆劈開：なし

金緑石（きんりょくせき）
Chrysoberyl

†マダガスカル・アラウチャ湖

板状の双晶

ペグマタイトや変成岩中に見られる。粒状、柱状の結晶形を示し、双晶してそろばん玉のような形になることもある。きれいなものは高級な宝石になる。

DATA ◆ $BeAl_2O_4$ ◆直方晶系 ◆色：黄緑〜緑 ◆条痕：白 ◆光沢：ガラス ◆硬度：8.5 ◆比重：3.8 ◆劈開：二方向に明瞭

針鉄鉱（しんてっこう）
Goethite

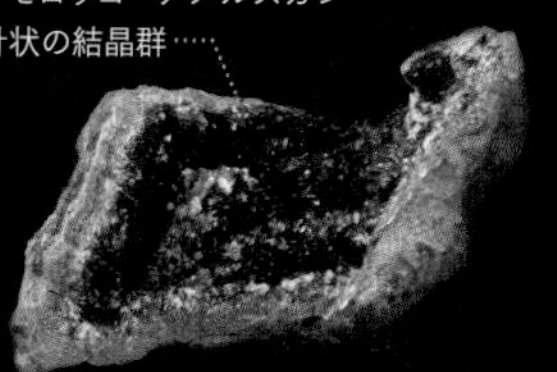

†モロッコ・アメルズガン

針状の結晶群

温泉や湖の沈殿物、鉄鉱物を含む鉱床の酸化帯、熱水鉱脈、接触交代鉱床中に見られる。多くは土状だが、稀に針状の結晶形が見られる。鉄の鉱石にもなるが、顔料や脱硫用などに利用される。

DATA ◆ FeO(OH) ◆直方晶系 ◆色：黄褐〜黒褐 ◆条痕：褐黄 ◆光沢：ダイヤモンド〜金属、土状、絹糸 ◆硬度：5.5 ◆比重：4.3 ◆劈開：一方向に完全

軟（なん）マンガン鉱（こう）
Pyrolusite

微細な針状結晶

†スペイン・ハイチ鉱山

マンガン鉱床の酸化帯、熱水鉱脈、温泉沈殿物中に見られるマンガンの主要な鉱石鉱物。黒色で針状・柱状の結晶形を示すが、微細な結晶が皮膜をつくることもある。

DATA ◆ MnO_2 ◆正方晶系 ◆色：黒 ◆条痕：黒 ◆光沢：金属 ◆硬度：2〜6.5 ◆比重：5.1 ◆劈開：二方向に完全

ハウスマン鉱（こう）
Hausmannite

塊状のハウスマン鉱

†京都府西谷鉱山

変成マンガン鉱床中に見られるマンガンの重要な鉱石鉱物。俗にチョコレート鉱とも呼ばれ、褐色の緻密な塊状で産することが多い。

DATA ◆ $Mn^{2+}Mn^{3+}{}_2O_4$ ◆正方晶系 ◆色：黒〜褐 ◆条痕：褐 ◆光沢：亜金属 ◆硬度：5.5 ◆比重：4.8 ◆劈開：一方向にほぼ完全

水（すい）マンガン鉱（こう）
Manganite

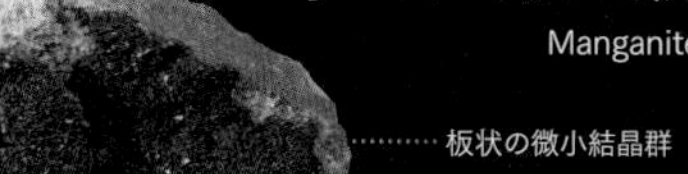

板状の微小結晶群

†カナダ・ノバスコシア州シェベリー

熱水鉱脈、黒鉱鉱床、温泉沈殿物中に見られるマンガンの鉱石鉱物。針状や柱状結晶などが束になっている。軟マンガン鉱に変化しているものも多くある。

DATA ◆ MnO(OH) ◆単斜晶系 ◆色：暗鋼灰〜黒 ◆条痕：褐〜黒 ◆光沢：亜金属 ◆硬度：4 ◆比重：4.3 ◆劈開：一方向に完全

CARBONATE MINERALS

炭酸塩鉱物

＋＋＋

炭酸塩鉱物は、炭酸塩(CO_3)をもつ鉱物。70種以上もの鉱物が知られており、なかでも代表的なものが方解石、苦灰石、菱鉄鉱の3つである。

方解石

Calcite

†アメリカ・ミズーリ州スウィートウォーター鉱山

犬牙状の結晶

†岐阜県・神岡鉱山栃洞坑

ほぼあらゆる岩石中に見られる鉱物。犬牙状、陣笠状、針状、菱形六面体など多様な結晶形を示す。塩酸をかけると二酸化炭素の泡を出して溶けてしまう。

DATA ◆ $CaCO_3$ ◆三方晶系 ◆色：無～白、灰、黄、青、ピンク ◆条痕：白 ◆光沢：ガラス ◆硬度：3 ◆比重：2.7 ◆劈開：三方向に完全

菱苦土鉱

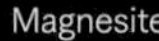
Magnesite

†ブラジル・バイーア州ブルマド

蛇紋岩、接触交代岩、結晶片岩などに見られる鉱物。方解石や苦灰石に似ているので、肉眼では区別できない。耐火物に使うマグネシア(MgO)を製造する原料になる。

DATA ◆ $MgCO_3$ ◆三方晶系 ◆色：無、白 ◆条痕：白 ◆光沢：ガラス ◆硬度：4 ◆比重：3.0 ◆劈開：三方向に完全

菱亜鉛鉱

Smithsonite

ぶどう状の結晶

†メキシコ・シナロア・チョイス

亜鉛鉱床の酸化帯に見られる二次鉱物。白色皮状の塊のほか、ぶどう状や犬牙状の結晶形を示す。異極鉱と似ているが、菱亜鉛鉱は塩酸をかけると泡を出して溶ける。

DATA ◆ $ZnCO_3$ ◆三方晶系 ◆色：無～白、緑など ◆条痕：白 ◆光沢：ガラス ◆硬度：4～4.5 ◆比重：4.2 ◆劈開：三方向に明瞭

菱マンガン鉱

Rhodochrosite

†中国広西省武東鉱山

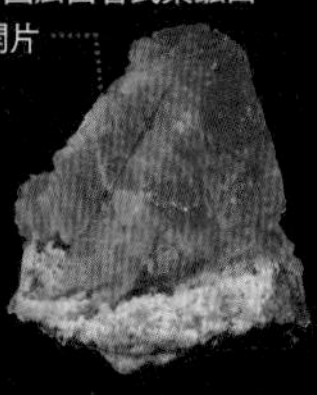

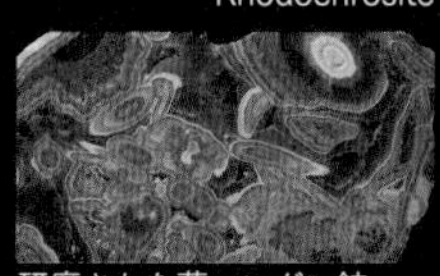
研磨された菱マンガン鉱

主に変成マンガン鉱床、熱水鉱床中に見られるマンガンの鉱石鉱物。菱形六面体、犬牙状、葉片状の結晶形を示し、ぶどう状や不規則塊状の集合になる。研磨して装飾品にもなる。

DATA ◆ $MnCO_3$ ◆三方晶系 ◆色：ピンク～赤、ベージュ、灰 ◆条痕：白 ◆光沢：ガラス～真珠 ◆硬度：3.5～4 ◆比重：3.7 ◆劈開：三方向に完全

菱鉄鉱

Siderite

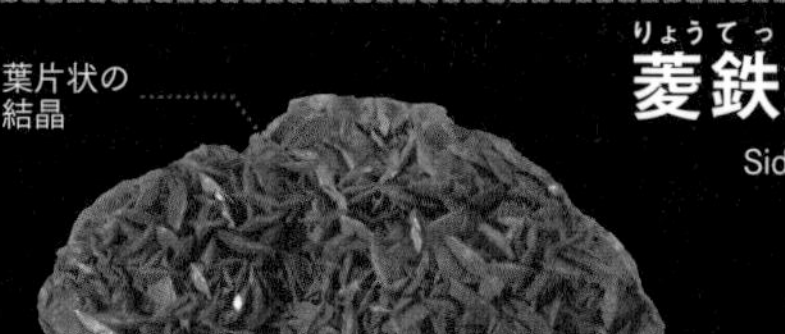

†イギリス・カーンブレア鉱山

接触交代鉱床、熱水鉱脈、花崗岩ペグマタイト、玄武岩中の隙間に見られる。菱形六面体の結晶形を示すが、繊維状にもなり、ぶどう状、皮状の集合体をつくる。

DATA ◆ $FeCO_3$ ◆三方晶系 ◆色：黄褐 ◆条痕：白 ◆光沢：ガラス～絹糸 ◆硬度：4 ◆比重：3.9 ◆劈開：三方向に完全

白鉛鉱（はくえんこう）
Cerussite

擬六角板状の双晶
†ナミビア・ツメブ鉱山

鉛鉱床の酸化帯に見られる二次鉱物。板状、針状の結晶形を示し、双晶して雪の結晶のような形にもなる。塩酸に泡を出して溶ける鉛の鉱石鉱物。

DATA ◆ $PbCO_3$ ◆直方晶系 ◆色：白、灰 ◆条痕：白 ◆光沢：ダイヤモンド～ガラス ◆硬度：3～3.5 ◆比重：6.6 ◆劈開：二方向に明瞭

霰石（あられいし）
Aragonite

†モロッコ・エルハマネ
擬六角板状結晶の集合体

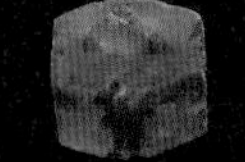
三連双晶
†スペイン・ラペスケラ

火山岩、蛇紋岩などの隙間や温泉沈殿物中に見られる鉱物。貝殻や真珠層など生物がつくることもある。方解石とは同質異像。針状結晶や双晶して六角柱状を示す。

DATA ◆ $CaCO_3$ ◆直方晶系 ◆色：無、白、灰、黄、青、ピンク、紫 ◆条痕：白 ◆光沢：ガラス ◆硬度：3.5～4 ◆比重：2.9 ◆劈開：一方向に明瞭

苦灰石（くかいせき）
Dolomite

†カナダ・ケベック
菱形六面体の結晶群

石灰岩によく似た苦灰岩の主な構成鉱物。熱水鉱脈、接触交代鉱床中にもよく見られる。菱形の結晶形を示すが、多くは塊状で産する。鉄鋼製造、陶磁器の原料などに使われる。

DATA ◆ $CaMg(CO_3)_2$ ◆三方晶系 ◆色：無～白、灰、黄、緑、褐 ◆条痕：白 ◆光沢：ガラス～真珠 ◆硬度：3.5～4 ◆比重：2.9 ◆劈開：三方向に完全

毒重土石（どくじゅうどせき）
Witherite

擬六角柱状の結晶
†イギリス・ネンツベリーハグズ鉱山

日本では主に熱水鉱脈中に見られる鉱物。双晶して擬六角短柱状の結晶形を示す。酸に溶け、有毒な液体になる。バリウム塩製造の原料になる。

DATA ◆ $BaCO_3$ ◆直方晶系 ◆色：無、白、灰、黄 ◆条痕：白 ◆光沢：ガラス ◆硬度：3～3.5 ◆比重：4.3 ◆劈開：一方向に完全

水亜鉛銅鉱（すいあえんどうこう）
Aurichalcite

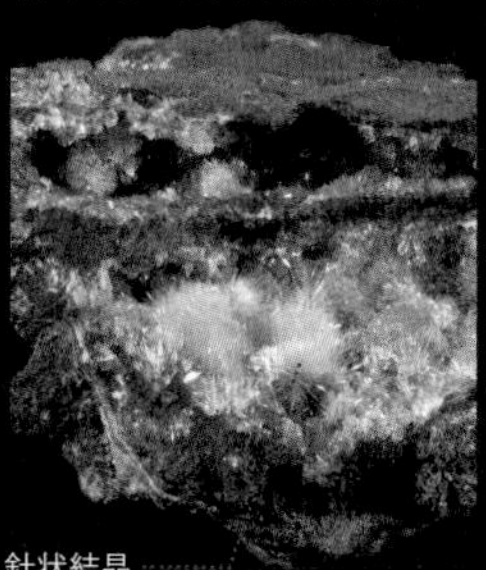
†アメリカ・アリゾナ州 79 鉱山
針状結晶

銅、亜鉛の鉱石鉱物を含む鉱床の酸化帯に見られる二次鉱物。普通、小さな針状、葉片状の結晶が羽毛や房のように集合している。銅の含有量が増すと、色が濃くなる。

DATA ◆ $(Zn,Cu)_5(CO_3)_2(OH)_6$ ◆単斜晶系 ◆色：緑青～天青 ◆条痕：無～淡緑青 ◆光沢：絹糸～真珠 ◆硬度：1～2 ◆比重：4.0 ◆劈開：一方向に完全

ネオジムランタン石（せき）
Lanthanite-(Nd)

†佐賀県玄海町日ノ出松（科博標本）

日本ではアルカリ玄武岩の隙間に板状の結晶形で見られる。日光の下ではピンク色、蛍光灯の下では白から薄緑色に見える。希土類元素の鉱石鉱物になることもある。

DATA ◆ $Nd_2(CO_3)_3 \cdot 8H_2O$ ◆直方晶系 ◆色：ピンク ◆条痕：白 ◆光沢：ガラス～真珠 ◆硬度：2.5～3 ◆比重：2.8 ◆劈開：一方向に完全

孔雀石（くじゃくいし）

Malachite

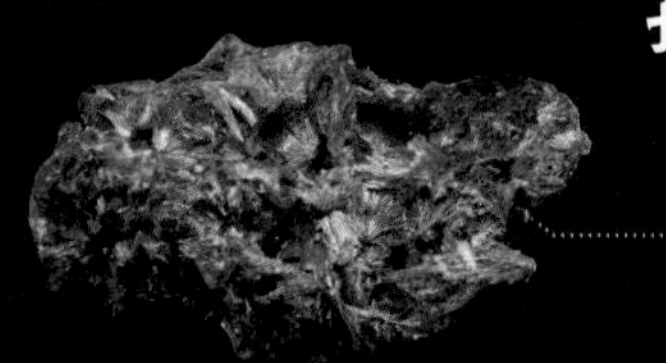

†コンゴ民主共和国カタンガ

銅鉱床の酸化帯によく見られる二次鉱物。微細な針状結晶が集合して皮状、ぶどう状などを示す。主に装飾品として利用されるほか、顔料としても珍重される。

DATA
◆ $Cu_2(CO_3)(OH)_2$ ◆単斜晶系 ◆色：緑 ◆条痕：淡緑 ◆光沢：ダイヤモンド、絹糸、土状 ◆硬度：3.5～4 ◆比重：4.0 ◆劈開：一方向に完全

藍銅鉱（らんどうこう）

Azurite

†ナミビア・ツメブ鉱山

銅鉱床の酸化帯に見られる二次鉱物。柱状などの結晶形を示すが、多くは塊状で、長い間には緑色の孔雀石に変質してしまうこともある。青色の顔料になる。

DATA
◆ $Cu_3(CO_3)_2(OH)_2$ ◆単斜晶系 ◆色：藍青 ◆条痕：青 ◆光沢：ガラス、土状 ◆硬度：3.5～4 ◆比重：3.8 ◆劈開：一方向に完全

モナズ石（せき）

Monazite-(Ce)

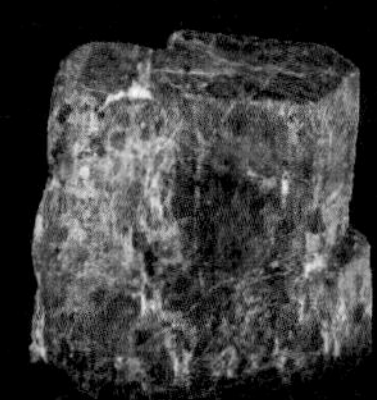

†福島県石川町
塩沢（櫻井標本）

花崗岩や片麻岩中には造岩鉱物として含まれ、ペグマタイト中には厚板状の結晶が見られる。希土類元素の原料。トリウムなどの放射性元素を含み、生成年代の測定にも使われる。

DATA
◆ $(Ce,La,Nd)PO_4$ ◆単斜晶系 ◆色：黄～赤褐、白 ◆条痕：白～淡褐 ◆光沢：ガラス～脂肪 ◆硬度：5～5.5 ◆比重：5.1 ◆劈開：一方向に良好

PHOSPHATE MINERALS

燐酸塩鉱物

＋ ＋ ＋

燐酸塩鉱物は、燐酸塩(PO_4)をもつ鉱物。燐酸塩(リン)は植物にとって必要不可欠な栄養素だが、ハムや麺類などの食品添加物として使われる場合は、過剰に摂取するとカルシウムの吸収を阻害するため、人間にとっては嫌われ者になっている。

銀星石（ぎんせいせき）

Wavellite

†アメリカ・アーカンソー州モールディン山採石場

針状結晶の
集合体

熱水鉱脈や変質岩中に見られる。針状結晶が放射状に集合して球をつくる。純粋なものは無色だが、不純物を含むと黄緑色や褐色になる。

DATA
◆ $Al_3(PO_4)_2(OH,F)_3\cdot 5H_2O$ ◆直方晶系 ◆色：無、白、黄緑、褐など ◆条痕：白 ◆光沢：ガラス～真珠 ◆硬度：3.5～4 ◆比重：2.4 ◆劈開：二方向に完全

燐灰ウラン石（りんかいウランせき）

Autunite

†岡山県鏡野町人形峠（科博標本）

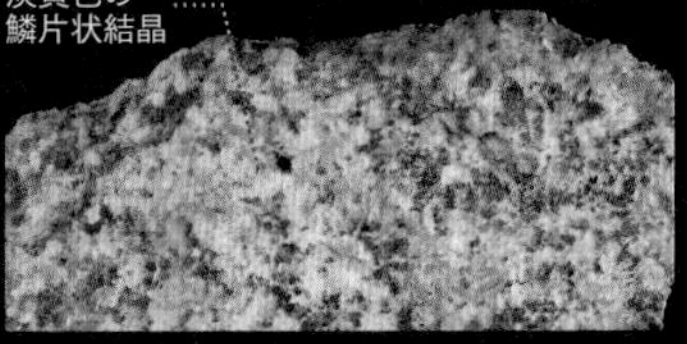

堆積性ウラン鉱床や花崗岩ペグマタイト中に見られる放射性鉱物。四角薄板状の結晶形を示すが、多くは鱗片状や土状。紫外線で黄緑色の蛍光を発する。ウランの鉱石鉱物。

DATA
◆ $Ca(UO_2)_2(PO_4)_2\cdot 10\text{-}12H_2O$ ◆正方晶系 ◆色：黄～淡緑 ◆条痕：淡黄 ◆光沢：ガラス～真珠 ◆硬度：2～2.5 ◆比重：3.1 ◆劈開：一方向に完全

ヴァリシア石(せき)

Variscite

塊状集合体の研磨面

†アメリカ・ユタ州トゥーイル郡

熱水鉱脈中や堆積岩中に見られる鉱物。無色から緑色をした鉱物で、球状やぶどう状の集合体、あるいは不定形の塊をつくる。研磨して装飾品にされることもある。

DATA ◆ $AlPO_4 \cdot 2H_2O$ ◆直方晶系 ◆色：無～黄緑～濃緑 ◆条痕：白 ◆光沢：ガラス～ロウ状 ◆硬度：4.5 ◆比重：2.6 ◆劈開：一方向に明瞭

藍鉄鉱(らんてっこう)

Vivianite

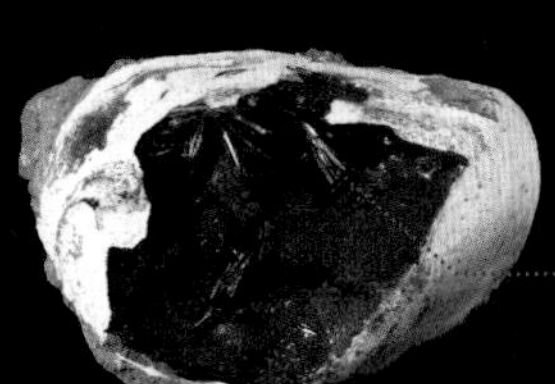

貝殻化石中にできた厚板状の放射状結晶

†ウクライナ・チェルノモルスキー鉱山

堆積岩中のノジュール（団塊）、化石の置換物、地下水からの沈殿物などとして見られる。新鮮なものは無色だが、空気に触れると酸化が進み、帯緑青色から暗藍色に変化する。

DATA ◆ $Fe_3(PO_4)_2 \cdot 8H_2O$ ◆単斜晶系 ◆色：無～青、緑青 ◆条痕：無～淡青 ◆光沢：ガラス～真珠、土状 ◆硬度：1.5 ～ 2 ◆比重：2.0 ◆劈開：一方向に完全

緑鉛鉱(りょくえんこう)

Pyromorphite

六角柱状結晶

†中国広西チワン族自治区桂林倒坪鉱山

鉛鉱床の酸化帯に見られる二次鉱物。六角柱状の結晶形を示し、結晶の中央部がふくらんだビア樽形になることもある。鉛の鉱石としての利用はわずか。

DATA ◆ $Pb_5(PO_4)_3Cl$ ◆六方晶系 ◆色：緑、黄、褐など ◆条痕：白 ◆光沢：樹脂 ◆硬度：3.5 ◆比重：7.0 ◆劈開：なし

トルコ石(いし)

Turquoise

塊状の結晶

†メキシコ・カナネア鉱山

熱水変質岩や銅鉱床の酸化帯に見られる鉱物。微細結晶が集合して塊状になり、それが脈や皮膜をつくっている。良質なものは宝石になる。

DATA ◆ $CuAl_6(PO_4)_4(OH)_8 \cdot 4H_2O$ ◆三斜晶系 ◆色：天青～青緑 ◆条痕：白～淡緑 ◆光沢：ガラス ◆硬度：5 ～ 6 ◆比重：2.9 ◆劈開：一方向に明瞭

燐灰石(りんかいせき)

Apatite

†メキシコ・セロデルメルカド鉱山

†モロッコ・イミルシル

ほとんどあらゆる岩石中に含まれる造岩鉱物。花崗岩ペグマタイト、熱水鉱脈、接触交代鉱床中には六角板状、柱状の結晶が見られる。多くはフッ素が主成分。燐肥料の原料になる。

DATA ◆ $Ca_5(PO_4)_3(F,Cl,OH)$ ◆六方晶系 ◆色：無、白、灰、黄、緑、青、ピンクなど ◆条痕：白 ◆光沢：ガラス ◆硬度：5 ◆比重：3.1 ～ 3.2 ◆劈開：なし

ブラジル石(せき)

Brazilianite

†ブラジル・テリリオ鉱山

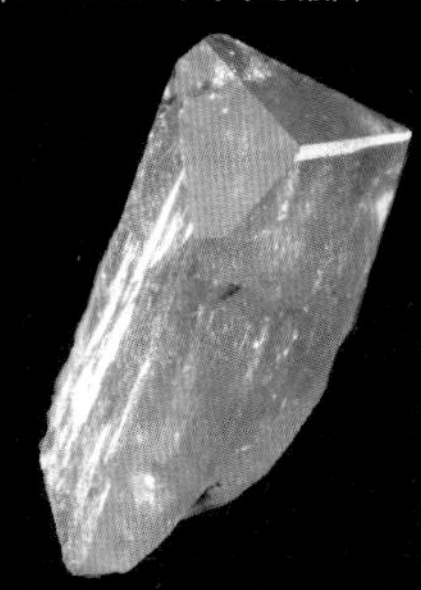

花崗岩ペグマタイト中に見られる鉱物。柱状、針状の結晶で産する。透明なものは研磨して装飾品にされることもあるが、硬度が低いのでややもろい。

DATA ◆ $NaAl_3(PO_4)_2(OH)_4$ ◆単斜晶系 ◆色：黄 ◆条痕：白 ◆光沢：ガラス ◆硬度：5.5 ◆比重：3.0 ◆劈開：一方向に良好

ARSENATE MINERALS

砒酸塩鉱物

＋＋＋

砒酸塩鉱物は、砒酸塩(AsO_4)を基にする鉱物だ。特に燐酸塩(PO_4)と砒酸塩はイオンの大きさが似ていて電荷が等しい。たとえば燐酸塩鉱物の緑鉛鉱と砒酸塩のミメット鉱は、成分は異なっても結晶の形が似ていることがある。

アダム石

Adamite

†メキシコ・オハエラ鉱山

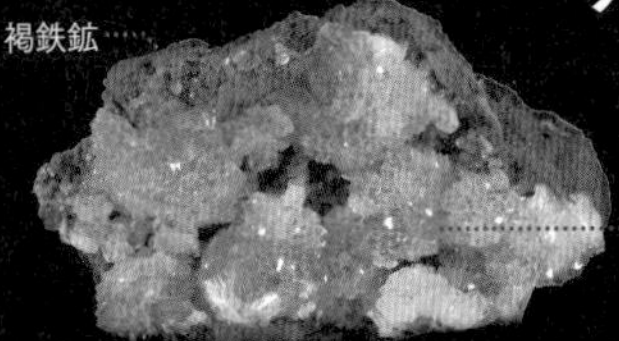

亜鉛鉱床の酸化帯に見られる二次鉱物。主に柱状や塊状で産する。鉱石としては利用されないが、産地によっては紫外線で蛍光するため人気がある。

DATA
◆ $Zn_2(AsO_4)(OH)$ ◆直方晶系 ◆色：黄、淡緑など ◆条痕：白 ◆光沢：ガラス ◆硬度：3.5 ◆比重：4.4 ◆劈開：二方向に良好

ニッケル華

Annabergite

†ギリシア・ラウリオン Km3 鉱山

板状結晶

ニッケルとヒ素を含む鉱床の酸化帯に見られる二次鉱物。微細な板状結晶の集合体となることが多い。ニッケル鉱石を探すときの目安になる。

DATA
◆ $Ni_3(AsO_4)_2 \cdot 8H_2O$ ◆単斜晶系 ◆色：緑、灰 ◆条痕：淡緑～白 ◆光沢：ダイヤモンド～真珠 ◆硬度：1.5～2.5 ◆比重：3.2 ◆劈開：一方向に完全

ミメット鉱

Mimetite

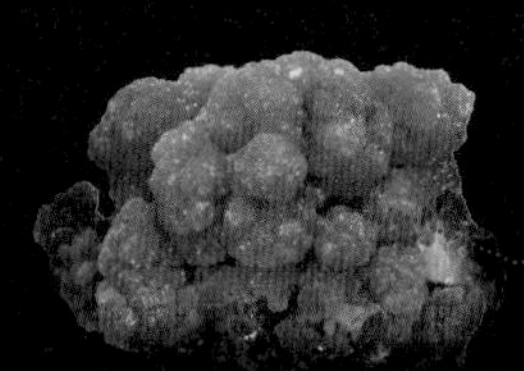

†メキシコ

鉛鉱床の酸化帯に見られる鉱物で、黄鉛鉱とも呼ばれる。針状、ビア樽に似た六角柱状の結晶形を示す鉛の鉱石鉱物。

DATA
◆ $Pb_5(AsO_4)_3Cl$ ◆六方晶系 ◆色：黄、橙、白など ◆条痕：白 ◆光沢：ガラス ◆硬度：3.5～4 ◆比重：7.3 ◆劈開：なし

スコロド石

Scorodite

短柱状の結晶

石英

†イギリス・ヘマードン鉱山

主に硫砒鉄鉱を含む鉱床の酸化帯に見られる二次鉱物。擬八面体の結晶形を示し、皮状、鍾乳状の塊になる。熱するとニンニクのような臭いがすることから「葱臭石(そうしゅうせき)」とも呼ばれた。

DATA
◆ $FeAsO_4 \cdot 2H_2O$ ◆直方晶系 ◆色：淡緑～灰緑、緑褐 ◆条痕：淡灰緑～帯褐緑 ◆光沢：ガラス～亜ダイヤモンド ◆硬度：3.5～4 ◆比重：3.3 ◆劈開：なし

コバルト華

Erythrite

†モロッコ・ブーアッツァー

輝コバルト鉱などのコバルトとヒ素を含む鉱床の酸化帯に見られる二次鉱物。カッターナイフの刃先に似た結晶形を示すが、多くは微細結晶が集まって土状、皮状になる。コバルトの鉱石鉱物。

DATA
◆ $Co_3(AsO_4)_2 \cdot 8H_2O$ ◆単斜晶系 ◆色：濃赤～ピンク ◆条痕：淡ピンク ◆光沢：ダイヤモンド～真珠、土状 ◆硬度：1.5～2.5 ◆比重：3.1 ◆劈開：一方向に完全

コニカルコ石(せき)

Conichalcite

緑色粒状の結晶群

†ギリシア・クリスティーナ鉱山

主に銅とヒ素を含む鉱床の酸化帯に見られる二次鉱物。多くは細かい繊維状結晶が集合して、ぶどう状、皮状などを示す。銅の鉱石鉱物。

DATA ◆ $CaCu(AsO_4)(OH)$ ◆直方晶系 ◆色：草緑〜緑 ◆条痕：緑 ◆光沢：ガラス ◆硬度：4.5 ◆比重：4.3 ◆劈開：なし

オリーブ銅鉱(どうこう)

Olivenite

†アメリカ・ネバダ州マジュバヒル鉱山

硫砒鉄鉱と黄銅鉱などを含む鉱床の酸化帯に見られる二次鉱物。粒状、針状、毛状などの形を示す。オリーブ色をしているのでこの名がついたが、灰白色のものもある。

DATA ◆ $Cu_2(AsO_4)(OH)$ ◆直方晶系 ◆色：オリーブ緑〜褐緑、灰白 ◆条痕：オリーブ緑〜褐 ◆光沢：ガラス〜ダイヤモンド ◆硬度：3 ◆比重：4.5 ◆劈開：なし

バナジン鉛鉱(えんこう)

Vanadinite

六角板状結晶

†モロッコ・ミデルト・ミブラデン鉱山

鉛などの鉱床の酸化帯にできる二次鉱物。褐鉛鉱（かつえんこう）とも呼ぶ。六角柱状・厚板状の結晶形を示す。原子の並び方は燐灰石と同じ。バナジウムの主要な鉱石鉱物。

DATA ◆ $Pb_5(VO_4)_3Cl$ ◆六方晶系 ◆色：橙赤、黄褐など ◆条痕：淡黄 ◆光沢：亜樹脂 ◆硬度：2.5〜3 ◆比重：6.9 ◆劈開：なし

VANADATE MINERALS, ETC.

バナジン酸塩鉱物など

＋＋＋

バナジン酸塩鉱物のバナジン鉛鉱、モリブデン酸塩鉱物のモリブデン鉛鉱、クロム酸塩鉱物の紅鉛鉱は、いずれもレアメタルを含む鉱物（第3章を参照）だが、観賞用にも人気がある。

モリブデン鉛鉱(えんこう)

Wulfenite

†アメリカ・アリゾナ州レッドクラウド鉱山

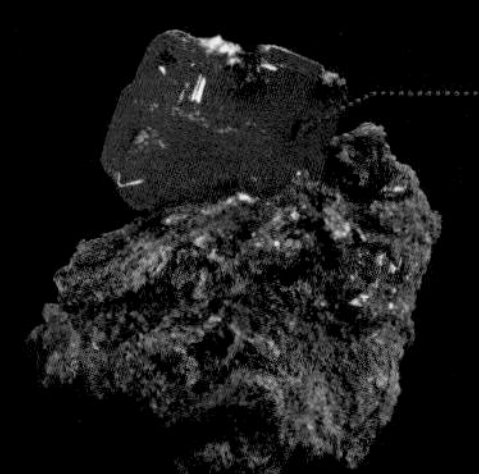

四角板状結晶

鉛・モリブデン鉱床の酸化帯で見られる二次鉱物。結晶にはわずかなクロムやバナジウムが含まれるため褐色みを帯びる。四角板状や塊状を示す。

DATA ◆ $PbMoO_4$ ◆正方晶系 ◆色：黄、橙、灰など ◆条痕：淡黄〜白 ◆光沢：亜ダイヤモンド〜樹脂 ◆硬度：2.5〜3 ◆比重：6.5〜7.5 ◆劈開：二方向に明瞭

紅鉛鉱(こうえんこう)

Crocoite

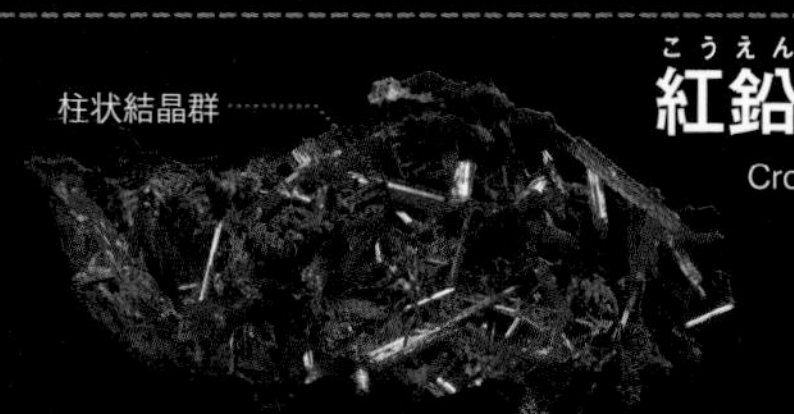

柱状結晶群

†オーストラリア・タスマニア島アデレード鉱山

鉛鉱床の酸化帯に見られる二次鉱物。結晶は柱状、塊状を示す。自然界での産出は稀だが、主にタスマニア島やロシアで産する。英名はギリシア語のサフランに由来する。

DATA ◆ $PbCrO_4$ ◆単斜晶系 ◆色：橙、赤 ◆条痕：黄橙 ◆光沢：ガラス〜ダイヤモンド ◆硬度：2.5〜3 ◆比重：6.0 ◆劈開：一方向に明瞭

SULPHATE MINERALS

硫酸塩鉱物

＋＋＋

硫酸塩鉱物は硫酸塩(SO_4)を含む鉱物だ。重晶石、天青石など重要なレアメタルを含む鉱物がある。石膏は環境によってさまざまな結晶形を示す代表的な鉱物だ。

硫酸鉛鉱(りゅうさんえんこう)

Anglesite

†モロッコ・トゥイシ鉱山

鉛鉱床の酸化帯に見られる二次鉱物。方鉛鉱と置き換わって塊状や斜方柱状の結晶形を示す。白鉛鉱と肉眼での区別は難しい。鉛の鉱石鉱物。

DATA ◆ $PbSO_4$ ◆直方晶系 ◆色：無～白、灰、黄、淡緑 ◆条痕：白 ◆光沢：ガラス ◆硬度：2.5 ～ 3 ◆比重：6.3 ◆劈開：三方向に明瞭

重晶石(じゅうしょうせき)

Barite

†ペルー・ミラフローレス

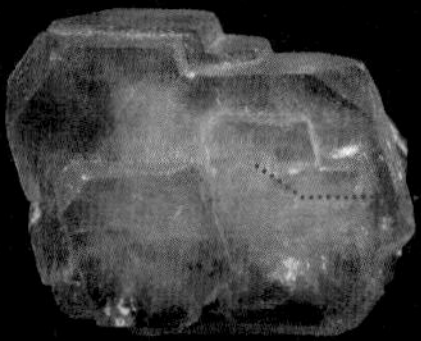

厚板状結晶

主に黒鉱鉱床、熱水鉱脈鉱床中に見られるバリウムの鉱石鉱物。普通、四角や菱形板状の結晶形を示す。形が方解石に似た鉱物で、薬品、光学ガラス、紙、X線造影剤などに利用されている。

DATA ◆ $BaSO_4$ ◆直方晶系 ◆色：無、白、灰、黄、褐、青、ピンク ◆条痕：白 ◆光沢：ガラス ◆硬度：2.5 ～ 3.5 ◆比重：4.5 ◆劈開：三方向に完全

硬石膏(こうせっこう)

Anhydrite

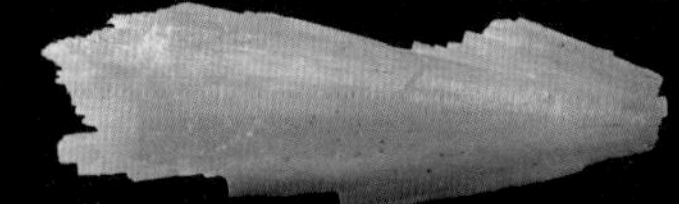

†メキシコ・ナイカ鉱山

日本では主に黒鉱鉱床に見られる。大きな塊状集合になり、水が加わると石膏に変化する。建築素材などの用途がある。

DATA ◆ $CaSO_4$ ◆直方晶系 ◆色：無～白、淡青、淡紫、淡褐など ◆条痕：白 ◆光沢：ガラス ◆硬度：3.5 ◆比重：3.0 ◆劈開：三方向に完全

石膏(せっこう)

Gypsum

†カナダ・レッドリバーフラッドウェイ

黒鉱鉱床、熱水鉱床、接触交代鉱床、火山昇華物、塩湖堆積物中に見られる。切り出し小刀のような結晶形をもち、双晶して矢羽根、十字などの形にもなる。セメント、焼石膏、建材など広い用途がある。

DATA ◆ $CaSO_4 \cdot 2H_2O$ ◆単斜晶系 ◆色：無～白、淡黄、淡褐など ◆条痕：白 ◆光沢：ガラス～真珠 ◆硬度：2 ◆比重：2.3 ◆劈開：一方向に完全

天青石(てんせいせき)

Celestine

†マダガスカル・マハジャンガ州サコアニー鉱山

日本では主に石膏の鉱床中に繊維状結晶の集合体で見られる鉱物。石灰岩中の化石と置き換わることもある。花火材料、ストロンチウム工業原料として利用される。

DATA ◆ $SrSO_4$ ◆直方晶系 ◆色：無～淡青、白、赤、緑、褐 ◆条痕：白 ◆光沢：ガラス ◆硬度：3 ～ 3.5 ◆比重：4.0 ◆劈開：三方向に完全

TUNGSTATE MINERALS

タングステン酸塩鉱物

＋ ＋ ＋

タングステン酸塩鉱物は、タングステン酸塩（WO_4）からなる鉱物で、レアメタルのタングステンを含む鉱石になる。タングステンは金属のなかでは最も融点が高いため、合金としてさまざまな用途がある。

灰重石（かいじゅうせき）
Scheelite

†中国四川省平武県

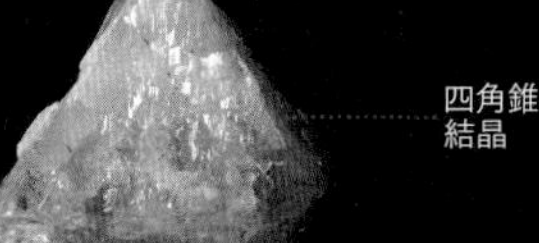

鉱脈や接触交代鉱床中に見られるタングステンの鉱石鉱物。四角錐状の結晶形を示すが、多くは塊状。石英にも似ているが、重く、短波長の紫外線で青白い蛍光を発するので区別できる。

DATA ◆ $CaWO_4$ ◆正方晶系 ◆色：無～黄褐 ◆条痕：白 ◆光沢：ガラス～ダイヤモンド ◆硬度：4.5 ～ 5 ◆比重：6.1 ◆劈開：なし

マンガン重石（じゅうせき）
Hübnerite

†ペルー・ワジャポン鉱山

熱水鉱脈、変成マンガン鉱床中に見られるタングステンの鉱石鉱物。板柱状の結晶形を示す。マンガンより鉄が多くなったものは鉄重石という。

DATA ◆ $MnWO_4$ ◆単斜晶系 ◆色：赤褐 ◆条痕：黄褐～赤褐 ◆光沢：亜金属～ダイヤモンド ◆硬度：4 ～ 4.5 ◆比重：7.1 ◆劈開：一方向に完全

胆礬（たんばん）
Chalcanthite

†ポーランド

針状結晶

硫酸銅溶液からの人工結晶

†アメリカ・アリゾナ州プラネット鉱山

黄銅鉱などの硫化鉱物が水で酸化分解してできる二次鉱物。水に溶けやすく、天然の結晶形が見られるのは稀。坑道では鍾乳状、皮殻状の塊で現れる。銅の鉱石鉱物。

DATA ◆ $CuSO_4 \cdot 5H_2O$ ◆三斜晶系 ◆色：青 ◆条痕：白 ◆光沢：ガラス ◆硬度：2.5 ◆比重：2.3 ◆劈開：なし

ブロシャン銅鉱（どうこう）
Brochantite

†コンゴ民主共和国カンボベ鉱山

銅鉱床の酸化帯に見られる二次鉱物。針状、板状結晶が不規則に集合して産する。孔雀石に似ているが、塩酸をかけても泡を出さない。銅の鉱石鉱物。

DATA ◆ $Cu_4(SO_4)(OH)_6$ ◆単斜晶系 ◆色：緑 ◆条痕：淡緑 ◆光沢：ガラス ◆硬度：3.5 ～ 4 ◆比重：4.0 ◆劈開：一方向に完全

明礬石（みょうばんせき）
Alunite

†兵庫県養父市

熱水変質を受けた安山岩、デイサイト、流紋岩中などに見られる鉱物で、脈や塊をつくることが多く、隙間には擬六角板状結晶が見られる。製紙、浄水用などに使われる硫酸アルミニウムの原料になる。

DATA ◆ $KAl_3(SO_4)_2(OH)_6$ ◆三方晶系 ◆色：無～白、淡黄、淡ピンク、淡青 ◆条痕：白 ◆光沢：ガラス～真珠 ◆硬度：3.5 ～ 4 ◆比重：2.8 ◆劈開：一方向に完全

石英
Quartz

†コロンビア・ペーニャブランカ鉱山

珪酸分にとぼしい火成岩を除くほとんどの岩石に見られる。多くは粒状、塊状を示す。岩石の隙間には、先端が2種類の三角錐からなる六角柱状の結晶が見られ、水晶と呼ばれる。ガラス、光学レンズ、半導体用シリコン、陶磁器などの原料として広い用途がある。

DATA ◆ SiO_2 ◆三方晶系 ◆色：無～白、黄、ピンク、紫、緑、褐黒など ◆条痕：白 ◆光沢：ガラス ◆硬度：7 ◆比重：2.7 ◆劈開：なし

SILICATE MINERALS

珪酸塩鉱物

＋ ＋ ＋

珪酸塩鉱物は、珪酸塩からなる鉱物だ。珪酸塩に含まれるケイ素（シリコン）は、酸素に次いで地殻中には豊富に存在し、岩石の構成要素としては特に重要なものである。

玻璃長石（サニディン）
Sanidine

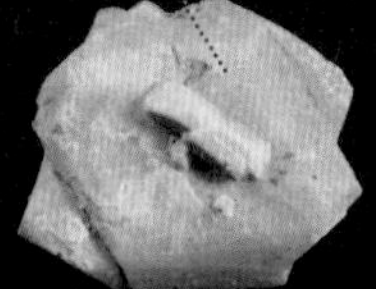

†和歌山県東牟婁郡太地町

主に珪酸分の多い火山岩の斑晶として見られる鉱物。同じ単斜晶系の正長石よりナトリウムを多く含むことができる。板状、柱状の結晶形を示すが、双晶して複雑な形になる。

DATA ◆ $(K,Na)AlSi_3O_8$ ◆単斜晶系 ◆色：無～白、淡灰、淡黄など ◆条痕：白 ◆光沢：ガラス ◆硬度：6 ◆比重：2.6 ◆劈開：一方向に完全、一方向に良好

オパール（蛋白石）
Opal

†エチオピア・イータリッジ

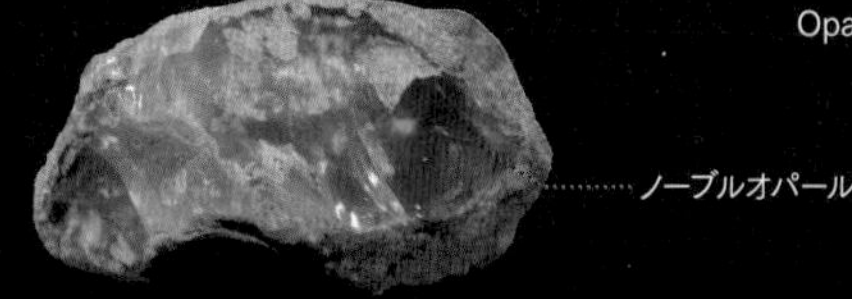

日本では火山岩の隙間に球状やそろばん玉状の塊で見られることが多い。虹色の光を放つものは、ノーブルオパールあるいはプレシャスオパールと呼ばれ、宝石になる。

DATA ◆ $SiO_2 \cdot nH_2O$ ◆非晶質 ◆色：無～白、黄、赤、青、緑、褐など ◆条痕：白 ◆光沢：ガラス ◆硬度：5.5 ～ 6.5 ◆比重：2.1 ◆劈開：なし

カリ長石
K-feldspar

†アメリカ・コロラド州 PA クレイム

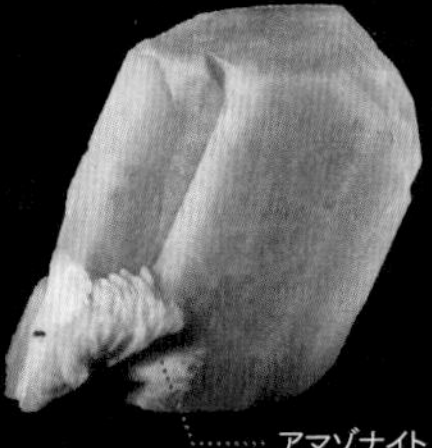

†岐阜県中津川市蛭川

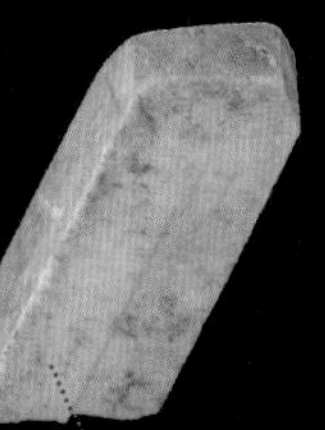

双晶

†オーストリア・ヴァルトフィアテル

花崗岩やそのペグマタイト、片麻岩などの重要な造岩鉱物。カリウムを主成分とする長石で、普通は正長石（単斜晶系）と微斜長石（三斜晶系）をいう。陶磁器などの原料になる。微量の鉛を含んで青緑色になった微斜長石はアマゾナイト（天河石／てんがせき）と呼ばれ、研磨して宝飾品にされることもある。

DATA ◆ $KAlSi_3O_8$ ◆単斜・三斜晶系 ◆色：無～白、黄、ピンク、褐赤、緑～青緑など ◆条痕：白 ◆光沢：ガラス ◆硬度：6 ◆比重：2.6 ◆劈開：二方向に完全

灰長石（かいちょうせき）

Anorthite

†東京都八丈島
石積ヶ鼻（松原標本）

珪酸分にとぼしい火山岩（主に玄武岩）の斑晶などとして見られる鉱物で、斜長石のうちカルシウムがナトリウムより多いほうのもの。深成岩、変成岩中の造岩鉱物として重要。

DATA ◆ $CaAl_2Si_2O_8$ ◆三斜晶系 ◆色：無～白、淡灰、淡黄、赤など ◆条痕：白 ◆光沢：ガラス ◆硬度：6 ～ 6.5 ◆比重：2.7 ～ 2.8 ◆劈開：二方向に完全

曹長石（そうちょうせき）

Albite

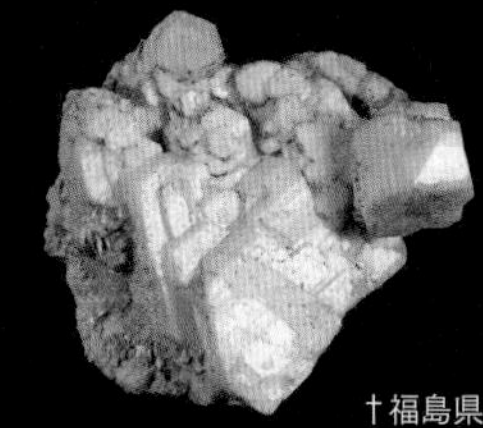

†福島県石川町塩沢（櫻井標本）

珪酸分が多い火成岩と変成岩の主要な造岩鉱物で、ナトリウムがカルシウムより多い斜長石。四角厚板状の結晶形を示すが、複雑な双晶も多く見られる。陶磁器の原料になる。

DATA ◆ $NaAlSi_3O_8$ ◆三斜晶系 ◆色：無～白、淡灰、淡黄、淡青など ◆条痕：白 ◆光沢：ガラス ◆硬度：6 ～ 6.5 ◆比重：2.6 ◆劈開：二方向に完全

白榴石（はくりゅうせき）

Leucite

†イタリア・ヴィーコ湖

カリウムに富んだ火山岩中に斑晶として見られる鉱物。日本の火山岩中には発見されていない。多くは二十四面体の結晶形を示す。

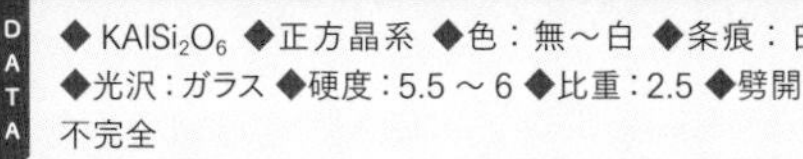

DATA ◆ $KAlSi_2O_6$ ◆正方晶系 ◆色：無～白 ◆条痕：白 ◆光沢：ガラス ◆硬度：5.5 ～ 6 ◆比重：2.5 ◆劈開：不完全

ラブラドライト

Labradorite

†マダガスカル・トゥリアラ・ベキリ

曹長石と灰長石の中間の鉱物で曹灰長石とも呼ばれるが、鉱物学的には独立した種としては認められていない。角度を変えて見ると、青色や虹色に輝き、研磨して装飾品にされる。

DATA ◆ $(Ca,Na)(Si,Al)_4O_8$ ◆三斜晶系 ◆色：青、灰、白など ◆条痕：白 ◆光沢：ガラス ◆硬度：6 ～ 6.5 ◆比重：2.7 ◆劈開：二方向に完全

方ソーダ石（ほうそーだせき）

Sodalite

†ボリビア・セロパソ

珪酸分にとぼしく、アルカリ分に富む火成岩にのみ産する。普通は塊状だが、稀に十二面体の結晶が見られる。主産地はロシアのコラ半島など。

DATA ◆ $Na_4Al_3Si_3O_{12}Cl$ ◆立方晶系 ◆色：青、青紫、ピンク ◆条痕：淡青～白 ◆光沢：ガラス ◆硬度：5.5 ～ 6 ◆比重：2.3 ◆劈開：不完全

ラピスラズリ

Lapis lazuli

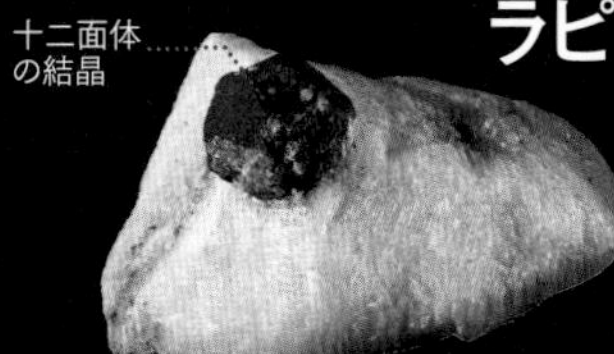

†アフガニスタン・バダフシャン

主に変成岩中に見られる藍色の鉱物。多くは塊状だが、十二面体の結晶形を示すこともある。古代から装飾品、顔料として利用されている。

DATA ◆ $(Na,Ca)_8Si_6Al_6O_{24}[(SO_4),S,Cl,(OH)]_2$ ◆立方晶系 ◆色：濃青～緑青 ◆条痕：明青 ◆光沢：ガラス ◆硬度：5 ～ 5.5 ◆比重：2.4 ◆劈開：なし

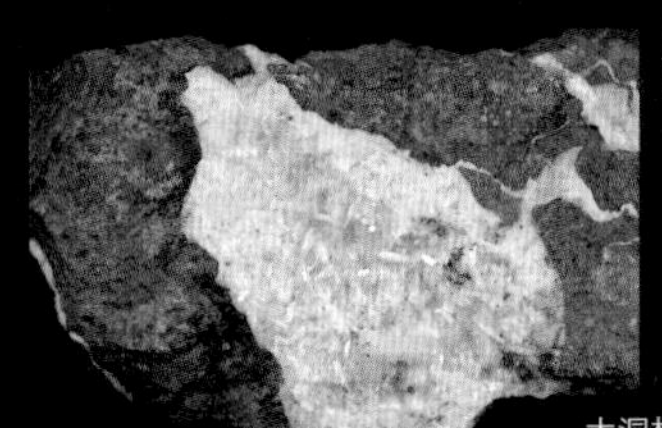

濁沸石

Laumontite

†静岡県土肥町
大洞林道（科博標本）

安山岩、玄武岩、凝灰岩、接触変成岩中などに見られる沸石の一種。四角柱状の結晶形を示し、先端が斜めに切り取られたような形になっている。脱水しやすく、白濁してぼろぼろと砕ける。

DATA ◆ $Ca(Al_2Si_4O_{12})\cdot 4H_2O$ ◆単斜晶系 ◆色：無～白、淡ピンク、淡黄など ◆条痕：白 ◆光沢：ガラス ◆硬度：3～4 ◆比重：2.3 ◆劈開：三方向に完全

ソーダ沸石

Natrolite

†アメリカ・
オレゴン州レン

玄武岩や変質した斑れい岩中に見られる沸石の一種。四角長柱状の結晶形を示すが、針状結晶が放射状に集合して球をつくることもある。

DATA ◆ $Na_2Al_2Si_3O_{10}\cdot 2H_2O$ ◆直方晶系 ◆色：無～白、淡ピンク、黄、褐など ◆条痕：白 ◆光沢：ガラス～絹糸 ◆硬度：5.5 ◆比重：2.2 ◆劈開：二方向に完全

スコレス沸石

Scolecite

†インド・マハラシュトラ州ラフリ

玄武岩などの空隙に他の沸石類とともに見られる。柱状・針状結晶が放射状集合をなして産する。ソーダ沸石、中沸石とは肉眼で区別はできない。

DATA ◆ $Ca(Al_2Si_3)O_{10}\cdot 3H_2O$ ◆単斜晶系 ◆色：無、白、ピンクなど ◆条痕：白 ◆光沢：ガラス～絹糸 ◆硬度：5～5.5 ◆比重：2.2～2.3 ◆劈開：二方向に完全

輝沸石

Heulandite

†神奈川県湯河原町
広河原（櫻井標本）

主に火山岩の隙間、接触交代岩、熱水鉱脈中に見られる沸石の一種。板状結晶の形を示す。普通は無色だが、鉄分を含んで淡い褐色や赤色になることもある。

DATA ◆ $(Na,K,Ca_{0.5})_9Al_9Si_{27}O_{72}\cdot 24H_2O$ ◆単斜晶系 ◆色：無～白、淡ピンク、淡黄、赤褐など ◆条痕：白 ◆光沢：ガラス～真珠 ◆硬度：4 ◆比重：2.2 ◆劈開：一方向に完全

束沸石

Stilbite

†インド・マハラシュトラ州サウダ

安山岩や玄武岩の隙間によく見られ、花崗岩ペグマタイトや熱水鉱脈中にも産する沸石の一種。多くは将棋の駒のような形の結晶が束状に集合している。

DATA ◆ $(Ca,Na_2)_4(Na,K)(Al_9Si_{27}O_{72})\cdot 28H_2O$ ◆単斜晶系 ◆色：無～白、淡ピンク、淡黄、黄褐など ◆条痕：白 ◆光沢：ガラス～真珠 ◆硬度：3.5～4 ◆比重：2.2 ◆劈開：一方向に完全

菱沸石

Chabazite

†静岡県伊豆の国市大仁・後山

いろいろな火成岩、花崗岩ペグマタイト、熱水鉱脈中などに見られる鉱物で、菱形六面体の結晶形を示しやすい。方解石に似ているが劈開はなく、塩酸をかけても泡を出さずに溶けてゲル状になる。

DATA ◆ $(Ca,Na_2,K_2)_2Al_4Si_8O_{24}\cdot 12H_2O$ ◆三斜晶系 ◆色：無～白、淡ピンク、淡黄、赤褐など ◆条痕：白 ◆光沢：ガラス ◆硬度：4～5 ◆比重：2.0～2.2 ◆劈開：なし

モルデン沸石

Mordenite

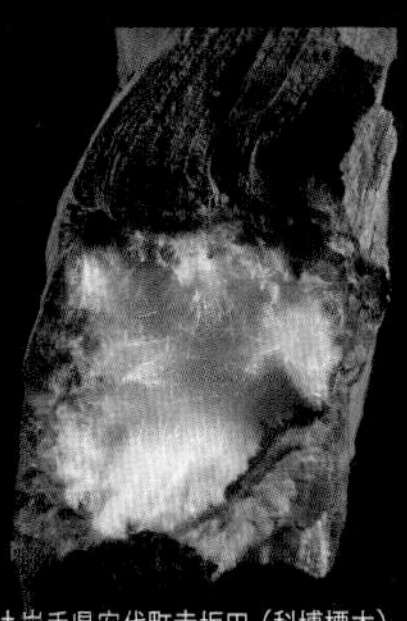

†岩手県安代町赤坂田（科博標本）

火山岩や堆積岩中に見られる鉱物で、毛状、針状の結晶形を示すことが多い沸石の一種。家畜飼料の添加物、園芸用の土壌改良剤、水質浄化剤などに使われる。

DATA ◆$(Na_2,Ca,K_2)_4Al_8Si_{40}O_{96}\cdot 28H_2O$ ◆直方晶系 ◆色：無～白、淡ピンク、黄、赤など ◆条痕：白 ◆光沢：ガラス～絹糸 ◆硬度：4～5 ◆比重：2.1 ◆劈開：一方向に完全、一方向に明瞭

方沸石

Analcime

†山形県温海町五十川（櫻井標本）

火山岩、埋没変成を受けた凝灰岩、変質斑れい岩の隙間や脈中に見られる鉱物。二十四面体の結晶形を示す沸石の一種。鉱石としては、ほとんど利用されることはない。

DATA ◆ $NaAlSi_2O_6\cdot H_2O$ ◆立方晶系 ◆色：無～白、淡ピンク、淡黄、淡青など ◆条痕：白 ◆光沢：ガラス ◆硬度：5～5.5 ◆比重：2.3 ◆劈開：なし

柱石

Scapolite

†インド・タミルナードゥ州カルール地区

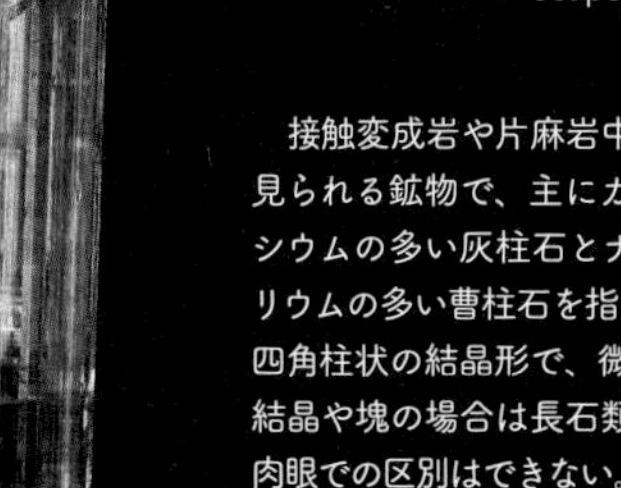

接触変成岩や片麻岩中に見られる鉱物で、主にカルシウムの多い灰柱石とナトリウムの多い曹柱石を指す。四角柱状の結晶形で、微細結晶や塊の場合は長石類と肉眼での区別はできない。

DATA ◆$(Na,Ca)_4(Si,Al)_{12}O_{24}(Cl,CO_3,SO_4)$ ◆正方晶系 ◆色：無～白、淡灰、淡黄、淡褐など ◆条痕：白 ◆光沢：ガラス ◆硬度：5.5～6 ◆比重：2.5～2.8 ◆劈開：四方向に明瞭

中沸石

Mesolite

†インド・マハラシュトラ州プネ

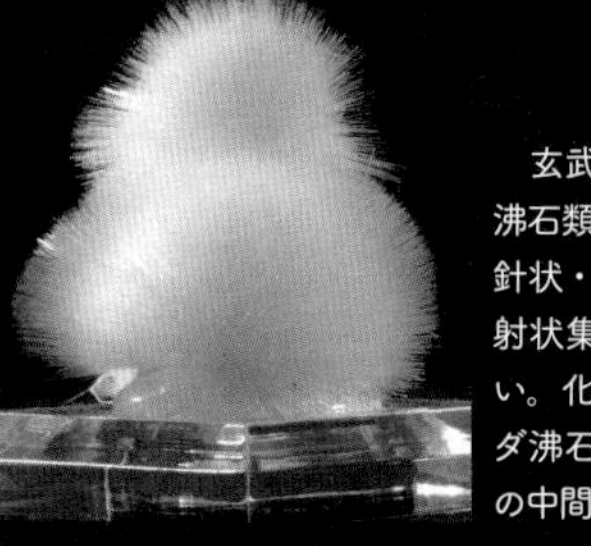

玄武岩の隙間に他の沸石類を伴って産する。針状・繊維状結晶が放射状集合することが多い。化学組成が、ソーダ沸石とスコレス沸石の中間に位置する。

DATA ◆ $Na_2Ca_2(Al_6Si_9)O_{30}\cdot 8H_2O$ ◆直方晶系 ◆色：無、白、ピンクなど ◆条痕：白 ◆光沢：ガラス～絹糸 ◆硬度：5 ◆比重：2.3 ◆劈開：二方向に完全

クリノクロア石

Clinochlore

暗緑色の葉片状結晶

†ロシア・イルクーツク・コルシュノフスキー

結晶片岩、熱水鉱脈、変質したいろいろな火成岩、堆積岩などの造岩鉱物としてよく見られる鉱物。普通は土状、鱗片状、葉片状を示す。

DATA ◆$(Mg,Fe^{+2})_5Al(AlSi_3O_{10})(OH_8)$ ◆単斜晶系 ◆色：淡緑～暗緑、緑黒、褐、菫など ◆条痕：白 ◆光沢：真珠～土状 ◆硬度：2.5～6 ◆比重：2.6～3.0 ◆劈開：一方向に完全

蛇紋石

Serpentine

†アメリカ・アリゾナ州グローブ

蛇紋岩を構成する造岩鉱物。主にクリソタイル、リザード石、アンチゴライトなどを指す。繊維状のものは石綿として使われた。燐鉱石と一緒に焼いて、肥料兼土壌改良剤になる。

DATA ◆ $Mg_3Si_2O_5(OH)_4$ ◆単斜・直方晶系 ◆色：緑～黄緑、白～灰 ◆条痕：白 ◆光沢：絹糸～油脂 ◆硬度：2～3 ◆比重：2.6 ◆劈開：一方向に完全

滑石（かっせき）

Talc

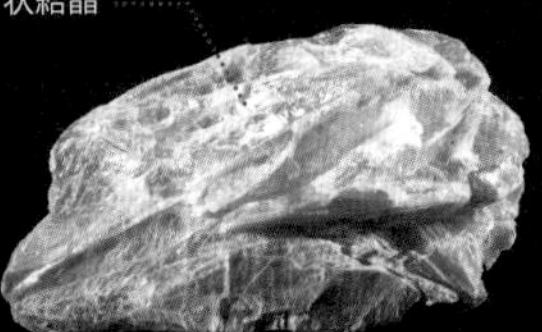

†アメリカ・バーモント州アルゴノート鉱山

変成岩の造岩鉱物として、あるいは塊状、脈状になって見られる。非常に柔らかく、すべすべした感触をもつ。粉状にして薬品などに利用される。

DATA ◆ $Mg_3Si_4O_{10}(OH)_2$ ◆単斜・三斜晶系 ◆色：白〜淡緑 ◆条痕：白 ◆光沢：真珠 ◆硬度：1 ◆比重：2.8 ◆劈開：一方向に完全

カオリナイト

Kaolinite

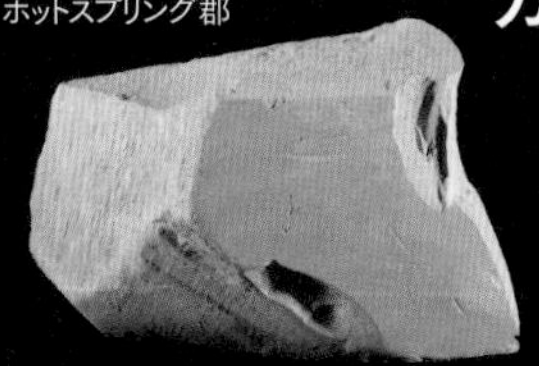

†アメリカ・アーカンソー州ホットスプリング郡

長石が風化したり、火山岩が熱水で変質したりしてできる粘土鉱物の一種。外形は土状で、乾燥するとパサパサとした粉状になる。陶磁器などの原料として重要。

DATA ◆ $Al_2Si_4O_5(OH)_4$ ◆三斜晶系 ◆色：白 ◆条痕：白 ◆光沢：土状〜真珠 ◆硬度：2〜2.5 ◆比重：2.6 ◆劈開：一方向に完全

白雲母（しろうんも）

Muscovite

板状結晶

†福島県石川町七郎内

花崗岩やそのペグマタイト、結晶片岩、熱水変質岩中などに見られる。電気絶縁体として使われるほか、微細結晶が粉状になったものは絹雲母と呼ばれ、顔料、医薬品、化粧品などに利用される。

DATA ◆ $KAl_2(AlSi_3O_{10})(OH)_2$ ◆単斜晶系 ◆色：無〜白、淡緑、淡ピンク、淡黄など ◆条痕：白 ◆光沢：真珠 ◆硬度：2.5〜3.5 ◆比重：2.8 ◆劈開：一方向に完全

葉蝋石（ようろうせき）

Pyrophyllite

†アメリカ・ジョージア州グレープス鉱山

葉片状結晶

熱水鉱脈や熱水変質岩中に見られる、蝋石と呼ばれる岩石の主要な構成鉱物。多くはすべすべした感触の塊状で産する。耐火物、陶磁器などの製造や印材として利用される。

DATA ◆ $Al_2Si_4O_{10}(OH)_2$ ◆単斜・三斜晶系 ◆色：白、淡緑 ◆条痕：白 ◆光沢：真珠 ◆硬度：1〜2 ◆比重 2.8 ◆劈開：一方向に完全

金雲母（きんうんも）

Phlogopite

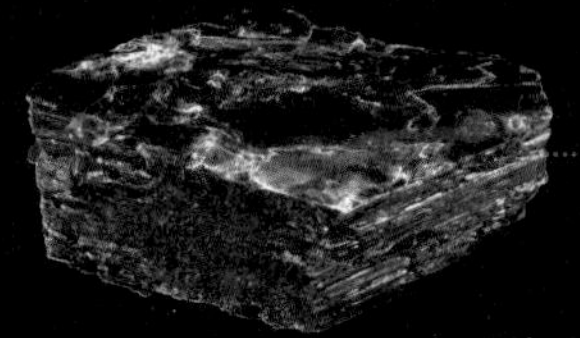

†カナダ・ケベック・オッター湖

接触変成岩、火成岩、ペグマタイト、広域変成岩などの重要な造岩鉱物。外観が黒ないし褐色に見える雲母のうち、マグネシウムが鉄より多いもの。六角板状や柱状の結晶形を示す。

DATA ◆ $KMg_3(AlSi_3O_{10})(F,OH)_2$ ◆単斜晶系 ◆色：無〜黄褐、暗褐〜褐黒、暗緑など ◆条痕：白 ◆光沢：真珠〜亜金属 ◆硬度：2〜3 ◆比重：2.8〜3.1 ◆劈開：一方向に完全

リチア雲母（うんも）

Lepidolite

†ブラジル・ゴベルナドルバラダレス

紅雲母、鱗雲母とも呼ばれる。花崗岩ペグマタイト中に見られる、リチウムを主成分とする雲母。多くは鱗片状結晶の集合で産する。リチウムの鉱石鉱物。

DATA ◆ $K(Li,Al)_3(AlSi_3O_{10})(OH)_2$ ◆単斜晶系 ◆色：灰〜ピンク〜紫、明黄など ◆条痕：白 ◆光沢：真珠 ◆硬度：2.5〜3.5 ◆比重：2.8〜2.9 ◆劈開：一方向に良好

珪孔雀石

Chrysocolla

†コンゴ民主共和国カタンガ

銅鉱床の酸化帯にできる二次鉱物。微細結晶が集合した緻密な塊状で産する。研磨してトルコ石に似た装飾品になる。

DATA ◆ $(Cu,Al)_2H_2Si_2O_5(OH,O)_4 \cdot nH_2O$ ◆直方晶系 ◆色：緑～青など ◆条痕：淡青～灰 ◆光沢：ガラス～土状 ◆硬度：2～4 ◆比重：1.9～2.4 ◆劈開：なし

カバンシ石

Cavansite

†インド・マハラシュトラ州プネ

玄武岩中に沸石を伴って産する。カルシウム、バナジウム、シリコン（ケイ素）を含むことから、それらの頭文字をとって名づけられた。ペンタゴン石とは同質異像。

DATA ◆ $Ca(VO)Si_4O_{10} \cdot 4H_2O$ ◆直方晶系 ◆色：青 ◆条痕：青 ◆光沢：ガラス ◆硬度：3～4 ◆比重：2.3 ◆劈開：一方向に良好

ペタル石

Petalite

†ブラジル・ミナスジェライス州タカラウ

リチウムに富む花崗岩ペグマタイト中に見られる。結晶形を示すことは稀で、普通は葉片状や塊状で産する。ペタル石からリチウム元素が発見された。

DATA ◆ $LiAlSi_4O_{10}$ ◆単斜晶系 ◆色：灰白～白、淡ピンク ◆条痕：白 ◆光沢：ガラス ◆硬度：6～6.5 ◆比重：2.4 ◆劈開：一方向に完全、一方向に明瞭

魚眼石

Apophyllite

魚眼石の柱状結晶

両錐状の結晶

束沸石

†インド・マハラシュトラ州ジャルガウン（2点とも）

主に火山岩の隙間、接触交代岩、熱水鉱脈、花崗岩ペグマタイト中に見られる。多くは四角柱状や両錐状の結晶形を示す。普通は無色だが、微量成分によって淡ピンクや淡緑色になる。

DATA ◆ $KCa_4(Si_8O_{20})(F,OH) \cdot 8H_2O$ ◆正方晶系 ◆色：無～白、淡黄、淡緑、淡ピンク、淡青 ◆条痕：白 ◆光沢：ガラス～真珠 ◆硬度：5 ◆比重：2.4 ◆劈開：一方向に完全

頑火輝石

Enstatite

†岩手県宮古市道又（櫻井標本）

斜方晶系の輝石の一種で、マグネシウムが鉄より多いものをいう。火山岩の斑晶、輝岩の主要鉱物として産する。また、変成岩にも見られることがある。

DATA ◆ $Mg_2Si_2O_6$ ◆直方晶系 ◆色：淡黄～緑褐 ◆条痕：白～帯褐灰 ◆光沢：ガラス～亜金属 ◆硬度：5～6 ◆比重：3.2～3.6 ◆劈開：二方向に完全

ぶどう石

Prehnite

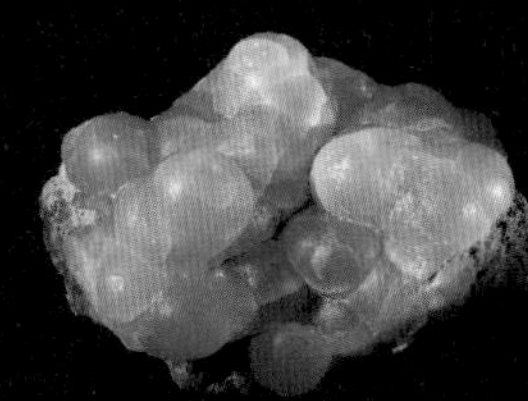

†ナミビア・ゴボボセブ山

変成岩、変質した火成岩、花崗岩ペグマタイト中などに見られる造岩鉱物。ぶどう状の集合体や脈をつくる。普通は無色だが、少し鉄を含んで淡緑色になる。

DATA ◆ $Ca_2Al(AlSi_3O_{10})(OH)_2$ ◆直方・単斜晶系 ◆色：無～淡緑 ◆条痕：白 ◆光沢：ガラス～真珠 ◆硬度：6～6.5 ◆比重：2.9 ◆劈開：一方向に良好

とうきせき
透輝石
Diopside

†アフガニスタン・バダフシャン・サルイサング

柱状結晶

接触変成岩、片麻岩中などに見られる単斜輝石の一種。灰鉄輝石と化学組成が連続し、マグネシウムが鉄より多いほうを指す。鉄が増えると黄緑色から暗緑色になる。板柱状、四角柱状の結晶形を示す。

DATA ◆ $CaMgSi_2O_6$ ◆単斜晶系 ◆色：無～暗緑、ピンク～紫 ◆条痕：白～淡緑 ◆光沢：ガラス ◆硬度：5.5～6.5 ◆比重：3.3 ◆劈開：二方向に完全

すいきせき
錐輝石（エジリン）
Aegirine

†マラウィ・ゾンバ・マローサ山

ナトリウムに富む火成岩や変成岩中に見られる輝石の一種。閃長岩のペグマタイトには、先端が錐のように尖った細長い結晶が見られる。ほとんど黒く見えるが、透過光では緑色に。

DATA ◆ $NaFeSi_2O_6$ ◆単斜晶系 ◆色：緑、褐など ◆条痕：白、灰緑、黄褐 ◆光沢：ガラス ◆硬度：6.5 ◆比重：3.5～3.6 ◆劈開：二方向に完全

ふつうきせき
普通輝石
Augite

短柱状結晶

†チェコ・ボヘミア・ヴルチオラ

安山岩、玄武岩、斑れい岩、輝岩などを構成する造岩鉱物で、単斜輝石の一種。多くは四角短柱状の結晶形を示す。

DATA ◆ $(Ca,Mg,Fe)_2(Si,Al)_2O_6$ ◆単斜晶系 ◆色：暗緑～黒、暗褐 ◆条痕：淡緑～淡褐 ◆光沢：ガラス ◆硬度：5.5～6.5 ◆比重：3.2～3.6 ◆劈開：二方向に完全

かいてつきせき
灰鉄輝石
Hedenbergite

†岐阜県飛騨市神岡鉱山

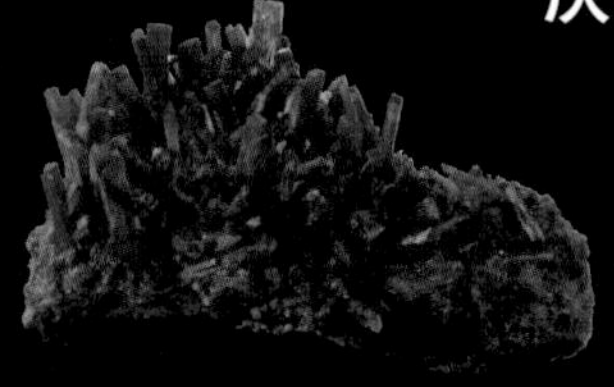

接触交代鉱床に伴うことが多い単斜輝石の一種。四角長柱状結晶の形を示し、集合して放射状になることもある。火成岩の造岩鉱物としても産する。

DATA ◆ $CaFeSi_2O_6$ ◆単斜晶系 ◆色：灰緑～暗緑、緑褐～褐黒 ◆条痕：淡緑 ◆光沢：ガラス ◆硬度：6 ◆比重：3.6 ◆劈開：二方向に完全

ひすいきせき
翡翠輝石
Jadeite

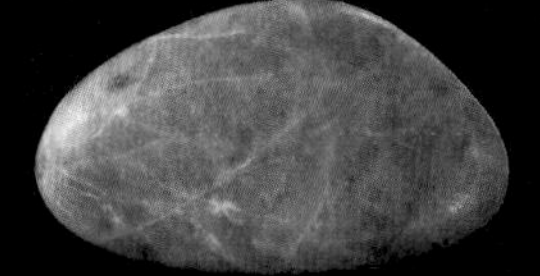

†新潟県糸魚川市親不知海岸

変成岩中に見られる単斜輝石の一種。繊維状、針状、柱状の結晶形を示し、また微細な粒状結晶が集合して緻密な塊をつくる。本来は無色だが微量成分を含んで色がつく。

DATA ◆ $NaAlSi_2O_6$ ◆単斜晶系 ◆色：白～緑、紫など ◆条痕：白 ◆光沢：ガラス ◆硬度：6～7 ◆比重：3.3～3.4 ◆劈開：二方向に完全

きせき
リチア輝石
Spodumene

厚板状の柱状結晶

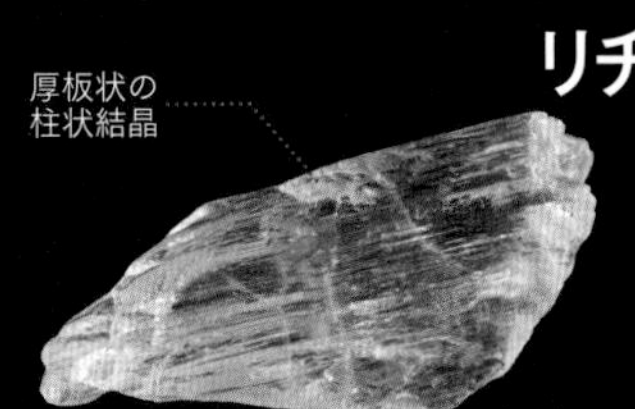

†アフガニスタン・ダラエピーチ

花崗岩ペグマタイト中に産する、リチウムを主成分とする単斜輝石。やや扁平な四角柱状の結晶形を示す。リチウムの鉱石鉱物で、ピンク色のクンツァイト、緑色のヒデナイトと呼ばれる宝石になる。

DATA ◆ $LiAlSi_2O_6$ ◆単斜晶系 ◆色：無～白、ピンク、緑など ◆条痕：白 ◆光沢：ガラス ◆硬度：6.6～7 ◆比重：3～3.2 ◆劈開：二方向に完全

けいかいせき
珪灰石
Wollastonite

†アメリカ・ニュージャージー州フランクリン鉱山

針状結晶の集合体

花崗岩と石灰岩の接触変成作用によってできる。繊維状、針状、柱状の結晶形を示す。主に陶磁器、タイルの原料とされるほか、プラスチック製品に添加されることも。

DATA
◆$CaSiO_3$ ◆三斜・単斜晶系 ◆色：白～灰、淡緑 ◆条痕：白 ◆光沢：ガラス～絹糸 ◆硬度：4.5～5 ◆比重：3.0 ◆劈開：一方向に完全

ばらきせき
薔薇輝石
Rhodonite

薄板状結晶

†ペルー・アンカシュ・サンマルティン鉱山

変成マンガン鉱床、熱水鉱脈中などに見られる鉱物。パイロクスマンガン石とよく似ている。マンガンの鉱石としてはほとんど使われないが、研磨して装飾品にされる。

DATA
◆$CaMn_4Si_5O_{15}$ ◆三斜晶系 ◆色：ピンク～赤、紫 ◆条痕：白 ◆光沢：ガラス ◆硬度：5.5～6.5 ◆比重：3.6～3.8 ◆劈開：二方向に完全

ふつうかくせんせき
普通角閃石
Hornblende

†熊本県西原村俵山（櫻井標本）

安山岩、花崗閃緑岩、角閃岩などをつくる造岩鉱物で、単斜角閃石の一種。多くはやや扁平な六角柱状の結晶形を示す。

DATA
◆$Ca_2(Mg,Fe)_4Al(AlSi_7O_{22})(OH)_2$ ◆単斜晶系 ◆色：灰緑～暗緑、褐～黒 ◆条痕：淡灰緑 ◆光沢：ガラス ◆硬度：5～6 ◆比重：3.0～3.5 ◆劈開：二方向に完全

けいかいせき
ペクトライト（ソーダ珪灰石）
Pectolite

†千葉県南房総市平久里（科博標本）

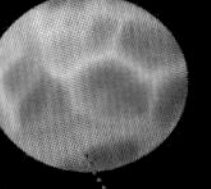
ラリマー

変質した苦鉄質岩中に脈をつくるほか、閃長岩や曹長岩中に見られる。脈と直交するように繊維状の結晶が平行に並ぶ。天青色のものはラリマーと呼ばれ、研磨して装飾品にされる。

DATA
◆$NaCa_2Si_3O_8(OH)$ ◆三斜・単斜晶系 ◆色：無～白 ◆条痕：白 ◆光沢：ガラス ◆硬度：4.5～5 ◆比重：2.9 ◆劈開：二方向に完全

らんせんせき
藍閃石
Glaucophane

†イタリア・ピエモンテ・リオオレモ

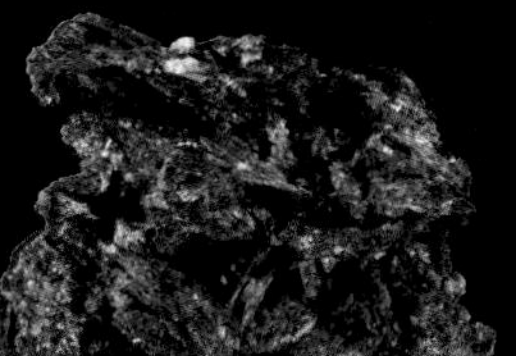

主に低温・高圧でできた結晶片岩中に見られる。非常に細かい針状・繊維状の結晶が集合する。マグネシウムと置き換わる鉄が多くなると、青黒くなる。

DATA
◆$Na_2(Mg,Fe)_3(Al,Fe)_2Si_8O_{22}(OH)_2$ ◆単斜晶系 ◆色：灰～紫藍 ◆条痕：淡灰～淡青 ◆光沢：ガラス～絹糸 ◆硬度：5～6 ◆比重：3.0 ◆劈開：二方向に完全

ちょくせんせき
直閃石
Anthophyllite

†福島県郡山市赤沼（科博標本）

主に結晶片岩、接触変成岩、蛇紋岩中に見られる斜方角閃石の一種。柱状・針状結晶の集合で、石綿のようになることもある。

DATA
◆$(Mg,Fe)_7Si_8O_{22}(OH)_2$ ◆直方晶系 ◆色：白、淡緑、褐 ◆条痕：白～淡褐 ◆光沢：ガラス～絹糸 ◆硬度：5.5～6 ◆比重：3.0～3.3 ◆劈開：二方向に完全

イネス石（せき）
Inesite

†静岡県下田市河津鉱山

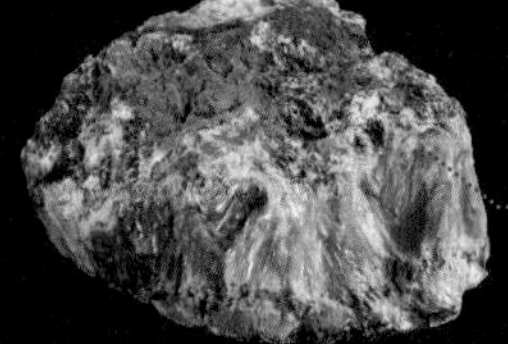

日本ではマンガンを含む金銀鉱脈中に見られることが多い。ピンク色の針状結晶が集まって脈をつくる。美しいものは研磨して装飾品にするが、酸化しやすく表面が褐色化していく。

DATA ◆ $Ca_2Mn_7Si_{10}O_{28}(OH)_2 \cdot 5H_2O$ ◆三斜晶系 ◆色：ピンク～赤 ◆条痕：白 ◆光沢：ガラス～絹糸 ◆硬度：6 ◆比重：3.0 ◆劈開：一方向に完全

緑閃石（りょくせんせき）
Actinolite

†愛媛県土居町五良津山（櫻井標本）

†新潟県糸魚川市姫川（科博標本）

変成岩中に見られる単斜角閃石の一種。マグネシウムと鉄の量で定義され、鉄が10%以上、50%以下のものを指す。柱状、針状の結晶形で産するほか、緻密な塊（軟玉）としても見られる。

DATA ◆ $Ca_2(Mg,Fe)_5Si_8O_{22}(OH)_2$ ◆単斜晶系 ◆色：緑～暗緑 ◆条痕：白～淡緑 ◆光沢：ガラス ◆硬度：6 ◆比重：3.1 ～ 3.2 ◆劈開：二方向に完全

杉石（すぎせき）
Sugilite

†南アフリカ・クルマン・ウェッセル鉱山

紫色の塊状結晶

主に変成マンガン鉱床に見られる。愛媛県岩城島で初めて発見された鉱物。鉄が多いと紫色、アルミニウムが多いとピンク色になり、研磨して宝飾品にもなる。

DATA ◆ $KNa_2(Fe,Ca,Ti,Mn,Al)_2AlLi_2Si_{12}O_{30}$ ◆六方晶系 ◆色：黄緑，ピンク、紫など ◆条痕：白 ◆光沢：ガラス ◆硬度：5.5 ～ 6.5 ◆比重：2.7 ～ 2.8 ◆劈開：なし

翠銅鉱（すいどうこう）
Dioptase

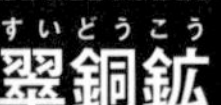

†カザフスタン・カラガンダ州アルティンツーベ

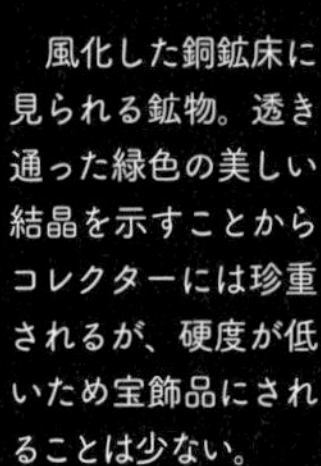

風化した銅鉱床に見られる鉱物。透き通った緑色の美しい結晶を示すことからコレクターには珍重されるが、硬度が低いため宝飾品にされることは少ない。

DATA ◆ $Cu_6Si_6O_{18} \cdot 6H_2O$ ◆三方晶系 ◆色：翠緑～青緑 ◆条痕：淡青緑 ◆光沢：ガラス ◆硬度：5 ◆比重：3.3 ◆劈開：一方向に完全

菫青石（きんせいせき）
Cordierite

†茨城県日立鉱山（松原標本）

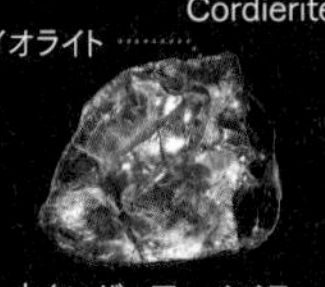

†タンザニア・ババティ

接触変成岩、広域変成岩中によく見られる。見る角度によって色が違う多色性を表すこともある。透明度があるきれいな結晶は宝石（アイオライト）にされる。

DATA ◆ $(Mg,Fe)_2Al_3(AlSi_5O_{18})$ ◆直方晶系 ◆色：青～青緑、灰、菫（すみれ）◆条痕：白 ◆光沢：ガラス ◆硬度：7 ～ 7.5 ◆比重：2.6 ◆劈開：なし

ベニト石（せき）
Benitoite

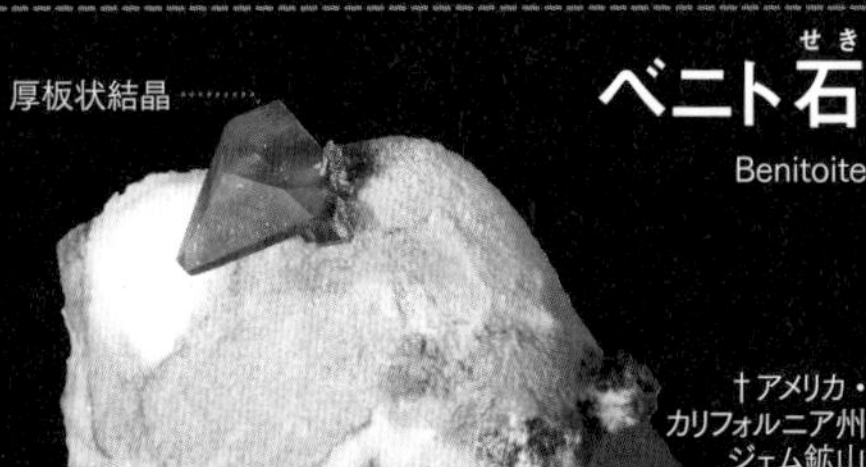

†アメリカ・カリフォルニア州ジェム鉱山

接触変成作用を受けた蛇紋岩や片岩に見られる。屈折率が高くて光の分散が強いため、稀に産出する大粒の石はカットして宝飾品に。紫外線を当てると蛍光を発する。

DATA ◆ $BaTiSi_3O_9$ ◆六方晶系 ◆色：無、青、ピンク ◆条痕：白 ◆光沢：ガラス ◆硬度：6.5 ◆比重：3.6 ◆劈開：不完全

苦土電気石（くどでんきせき）

Dravite

†タンザニア・コモロ

いろいろな変成岩中に産する鉱物で、よく見られる電気石のうち、マグネシウムが鉄より多いものを指す。褐色みが強く、六角柱状の結晶形を示す。

DATA ◆ $NaMg_3Al_6(BO_3)_3Si_6O_{18}(OH)_4$ ◆三方晶系 ◆色：褐～黒 ◆条痕：淡褐～灰 ◆光沢：ガラス ◆硬度：7～7.5 ◆比重：3.0～3.2 ◆劈開：なし

鉄電気石（てつでんきせき）

Schorl

†ナミビア・エロンゴ山

主に花崗岩ペグマタイト中に三方柱状の結晶形を示す。最も普通に見られる電気石グループの一種。伸びの方向と平行に条線が発達する。加熱などの刺激により結晶両端が静電気を帯びる。

DATA ◆ $NaFe_3Al_6(BO_3)_3Si_6O_{18}(OH)_4$ ◆三方晶系 ◆色：黒～暗褐 ◆条痕：灰白～帯青白 ◆光沢：ガラス ◆硬度：7～7.5 ◆比重：3.2～3.3 ◆劈開：なし

緑柱石（りょくちゅうせき）

Beryl

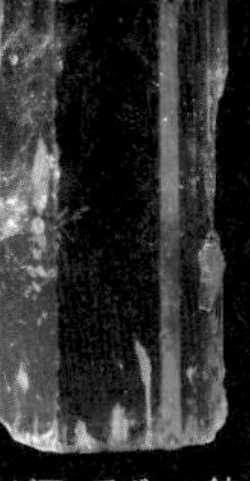

†コロンビア・チボール鉱山

花崗岩ペグマタイト、変成岩、熱水脈中などに見られる六角柱状の結晶形を示す鉱物。美しいものはエメラルドやアクアマリンという宝石にされる。ベリリウムの鉱石にもなる。

DATA ◆ $Be_3Al_2Si_6O_{18}$ ◆六方晶系 ◆色：無～淡青、緑青、緑、黄、ピンク、赤など ◆条痕：白 ◆光沢：ガラス ◆硬度：7.5～8 ◆比重：2.6～2.8 ◆劈開：なし

リチア電気石（リチアでんきせき）

Elbaite

†モザンビーク・ムイアーネ鉱山

花崗岩ペグマタイト中に見られる、リチウムを主成分とする電気石グループの一種。三方柱状の結晶形で、柱面には伸びと平行な方向に条線が発達する。美しいものは宝石になる。

DATA ◆ $Na(Li,Al)_3Al_6(BO_3)_3Si_6O_{18}(OH,F)_4$ ◆三方晶系 ◆色：緑、青、ピンク、赤、黄、褐など ◆条痕：白 ◆光沢：ガラス ◆硬度：7～7.5 ◆比重：3.0～3.1 ◆劈開：なし

斧石（おのいし）

Axinite

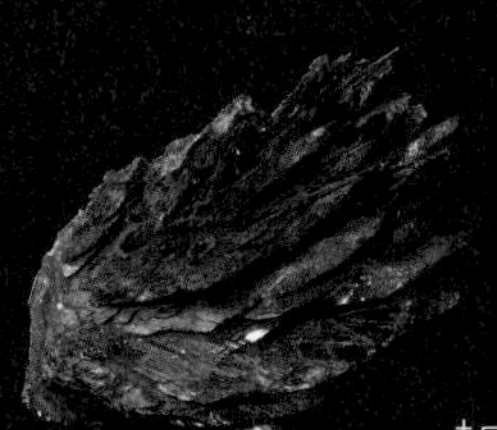

†ロシア・ダリネゴルスク

接触交代作用を受けた岩石や鉱脈中に見られる鉱物。斧のような形をした板状結晶を示す。鉄の多い鉄斧石とマンガンの多いマンガン斧石がよく見られる。

DATA ◆ $(Ca,Mn)_2(Fe,Mn)Al_2(BSi_4O_{15})(OH)$ ◆三斜晶系 ◆色：灰～灰褐、褐紫、ピンク、紫青、黄橙など ◆条痕：白～灰 ◆光沢：ガラス ◆硬度：6.5～7 ◆比重：3.2～3.4 ◆劈開：一方向に明瞭

異極鉱（いきょくこう）

Hemimorphite

†メキシコ・ドゥランゴ州オハエラ鉱山

主に亜鉛鉱床の酸化帯に見られる二次鉱物。扁平な結晶が束状に集合したり、ぶどう状で産する。結晶の両端の形が異なる特徴を示すことから名づけられた。

DATA ◆ $Zn_4(Si_2O_7)(OH)_2 \cdot H_2O$ ◆直方晶系 ◆色：無～白、淡青、淡緑、淡黄など ◆条痕：白 ◆光沢：ガラス ◆硬度：4.5～5 ◆比重：3.5 ◆劈開：二方向に完全

珪灰鉄鉱（けいかいてっこう）

Ilvaite

菱形柱状結晶

†アメリカ・アイダホ州
サウスマウンテン

主に花崗岩と石灰岩の接触変成作用によってできる鉱物。黒色で菱形柱状の結晶形を示すが、塊状になることもある。鉄の鉱石としては利用されない。

DATA ◆ $CaFe^{2+}{}_2Fe^{3+}O(Si_2O_7)(OH)$ ◆直方・単斜晶系 ◆色：黒 ◆条痕：褐黒～緑黒 ◆光沢：ガラス ◆硬度：5.5～6 ◆比重：4.0 ◆劈開：二方向に明瞭

ダンブリ石（せき）

Danburite

†メキシコ・オーローラ鉱山

日本では主に接触交代鉱床中に斧石と一緒に見られる鉱物。トパーズに似た斜方柱状結晶を示す。透明で傷のないものは宝石にされることもあり、ホウ素原料としてはほとんど使われない。

DATA ◆ $CaB_2OSi_2O_7$ ◆直方晶系 ◆色：無～白、黄、ピンクなど ◆条痕：白 ◆光沢：ガラス～脂肪 ◆硬度：7.5 ◆比重：3.0 ◆劈開：なし

緑簾石（りょくれんせき）

Epidote

†スペイン・カタルーニャ・リェイダ

柱状結晶の集合体

結晶片岩、接触交代岩、熱水変質岩、花崗岩ペグマタイト中などに見られる造岩鉱物。特に、緑色片岩と呼ばれるものの主成分鉱物。針状、柱状の結晶形を示す。

DATA ◆ $Ca_2Fe^{3+}Al_2(SiO_4)(Si_2O_7)O(OH)$ ◆単斜晶系 ◆色：黄～緑、緑黒 ◆条痕：白～灰 ◆光沢：ガラス ◆硬度：6.5 ◆比重：3.4～3.5 ◆劈開：一方向に完全

ベスブ石（せき）

Vesuvianite

†イタリア・プラオーネ

短柱状結晶

接触交代岩、蛇紋岩、翡翠輝石岩中などに見られる造岩鉱物。四角柱状、四角錐状の結晶形を示し、塊状のものは灰礬石榴石と見分けることができない。

DATA ◆ $Ca_{19}(Al,Mg,Fe)_{13}(OH,F,O)_{10}(SiO_4)_{10}(Si_2O_7)_4$ ◆正方晶系 ◆色：緑、黄～褐、赤、紫、青、白など ◆条痕：白～淡緑褐 ◆光沢：ガラス～樹脂 ◆硬度：6.5 ◆比重：3.3～3.4 ◆劈開：なし

紅簾石（こうれんせき）

Piemontite

†長崎県琴海町
戸根鉱山
（科博標本）

主に石英片岩中に見られる緑簾石グループのひとつ。細柱状や粒状の結晶形を示し、マンガン分が少ないとピンク色だが、多くなると赤褐色から褐色になる。

DATA ◆ $Ca_2MnAl_2(SiO_4)(Si_2O_7)O(OH)$ ◆単斜晶系 ◆色：ピンク～赤～褐 ◆条痕：紅 ◆光沢：ガラ ◆硬度：6～6.5 ◆比重：3.5 ◆劈開：一方向に完全

灰簾石（かいれんせき）

Zoisite

†タンザニア・メレラニ

結晶片岩中などに見られる緑簾石グループのひとつで、単斜灰簾石とは同質異像。バナジウムを含んだものは青紫色になり、透明なものは研磨されて宝石のタンザナイトになる。

DATA ◆ $Ca_2Al_3(SiO_4)(Si_2O_7)O(OH)$ ◆直方晶系 ◆色：淡灰、淡褐、淡ピンク ◆条痕：白 ◆光沢：ガラス ◆硬度：6.5～7 ◆比重：3.2～3.4 ◆劈開：一方向に完全

くばんざくろいし

苦礬石榴石

Pyrope

†アフガニスタン

変成岩中、灰長岩中などに産する石榴石の一種。透明なものは宝石として利用される。自形結晶は稀で、普通は粒状で産することが多い。

DATA
◆ $Mg_3Al_2(SiO_4)_3$ ◆立方晶系 ◆色：白、淡ピンク、紫赤など ◆条痕：白 ◆光沢：ガラス ◆硬度：7 ～ 7.5 ◆比重：3.7 ～ 3.8 ◆劈開：なし

くどかんらんせき

苦土橄欖石

Forsterite

†アメリカ・アリゾナ州ココニノ郡

珪酸分にとぼしい火山岩の斑晶や上部マントルの主要な構成物として見られる。普通はマグネシウムが鉄より多いものを指す。分解すると蛇紋石に変化する。美しい結晶は宝石（ペリドット）になる。

DATA
◆ Mg_2SiO_4 ◆直方晶系 ◆色：淡黄～オリーブ緑 ◆条痕：白 ◆光沢：ガラス ◆硬度：7 ◆比重：3.3 ◆劈開：なし

てつばんざくろいし

鉄礬石榴石

Almandine

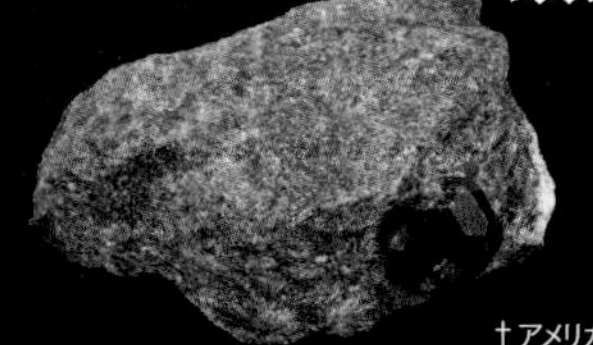

†アメリカ・アラスカ州ランゲル

花崗岩ペグマタイト、片麻岩、結晶片岩、火山岩中などに見られる石榴石グループの一種。主に二十四面体の結晶形を示す。研磨剤、宝石などに使われる。

DATA
◆ $Fe_3Al_2(SiO_4)_3$ ◆立方晶系 ◆色：赤、橙赤、褐など ◆条痕：白 ◆光沢：ガラス ◆硬度：7 ～ 7.5 ◆比重：3.9 ～ 4.2 ◆劈開：なし

まんばんざくろいし

満礬石榴石

Spessartine

†タンザニア・アルーシャ・サングルングルヒル

変成マンガン鉱床中に多く見られる、マンガンを主成分とする石榴石の一種。二十四面体の結晶形を示すほか、粒状、塊状で産する。美しいものは宝石になるが、鉱石としては使われない。

DATA
◆ $Mn_3Al_2(SiO_4)_3$ ◆立方晶系 ◆色：黄、橙、赤橙、赤褐など ◆条痕：白 ◆光沢：ガラス ◆硬度：7 ～ 7.5 ◆比重：3.9 ～ 4.2 ◆劈開：なし

かいばんざくろいし

灰礬石榴石

Grossular

†メキシコ・ラスクルーセス山脈

接触交代鉱床をはじめ、変成した斑れい岩、翡翠輝石岩、曹長岩中などに見られる石榴石の一種。十二面体の結晶形や塊状集合体を示す。褐色透明のものはヘッソナイトと呼ばれる。

DATA
◆ $Ca_3Al_2(SiO_4)_3$ ◆立方晶系 ◆色：無、白、黄、緑、褐など ◆条痕：白 ◆光沢：ガラス ◆硬度：6.5 ～ 7 ◆比重：3.4 ～ 3.8 ◆劈開：なし

かいてつざくろいし

灰鉄石榴石

Andradite

二十四面体の結晶群

†奈良県天川村白倉谷鉱山

接触交代鉱床中に見られる石榴石の一種。十二面体の結晶形を示す。3価の鉄イオンとアルミニウムが置き換わって、灰礬石榴石と化学組成が連続するため、中間的なものは肉眼で区別できない。

DATA
◆ $Ca_3Fe_2(SiO_4)_3$ ◆立方晶系 ◆色：褐赤、褐黄、黄、黄緑、黒など ◆条痕：白 ◆光沢：ガラス～ダイヤモンド ◆硬度：6.5 ～ 7 ◆比重：3.8 ～ 3.9 ◆劈開：なし

ジルコン

Zircon

†アフガニスタン・ピーチ

四角錐状の結晶形を示し、小さいものはいろいろな火成岩や変成岩中に含まれる。風化に強いので砂粒としても堆積する。宝石のほか、耐火物、窯業用などにも利用される。

DATA

◆ $ZrSiO_4$ ◆正方晶系 ◆色：褐、橙、緑など ◆条痕：白 ◆光沢：ダイヤモンド ◆硬度：7.5 ◆比重：4.7 ◆劈開：二方向に不明瞭

灰クロム石榴石

Uvarovite

十二面体の結晶

†ロシア・ウラル地方サラノブスキ鉱山

クロム鉄鉱などに伴って産するほか、接触交代鉱床の変成した石灰岩中などに見られる石榴石の一種。十二面体や二十四面体の結晶や、塊状・粒状の結晶をなす。

DATA

◆ $Ca_3Cr_2(SiO_4)_3$ ◆立方晶系 ◆色：緑 ◆条痕：白 ◆光沢：ガラス ◆硬度：7.5 ◆比重：3.4 ～ 3.8 ◆劈開：なし

チタン石

Titanite

†モロッコ・ブーアッツァー

くさび形の結晶

緑色の緑簾石

深成岩中に斑晶として産し、いろいろな変成岩中にもよく見られる鉱物。くさびのような板状の結晶形を示すため、くさび石とも呼ばれる。

DATA

◆ $CaTiSiO_4O$ ◆単斜晶系 ◆色：無～黄～褐、緑、黒、青など ◆条痕：白～淡褐 ◆光沢：ガラス～脂肪 ◆硬度：5 ～ 5.5 ◆比重：3.5 ◆劈開：二方向に明瞭

トパーズ（黄玉）

Topaz

†アメリカ・ユタ州メイナーズクレイム

主に花崗岩ペグマタイト中に見られる鉱物。斜方柱状の結晶で、柱面の伸びの方向に条線が発達する。普通は無色から黄色で、良質なものは宝石になる。

DATA

◆ $Al_2SiO_4(F,OH)_2$ ◆直方晶系 ◆色：無～黄、橙黄、ピンク、青など ◆条痕：白 ◆光沢：ガラス ◆硬度：8 ◆比重：3.4 ～ 3.6 ◆劈開：一方向に完全

藍晶石

Kyanite

†ブラジル・ミナスジェライス州バラドサリナス

主に低温・高圧でできた広域変成岩中に見られる鉱物。板柱状の結晶形を示す。紅柱石、珪線石とは同質異像。耐火物、碍子（絶縁体）などの原料になる。

DATA

◆ Al_2OSiO_4 ◆三斜晶系 ◆色：青～青緑、灰 ◆条痕：白 ◆光沢：ガラス ◆硬度：4 ～ 7.5 ◆比重：3.7 ◆劈開：三方向に完全

紅柱石

Andalusite

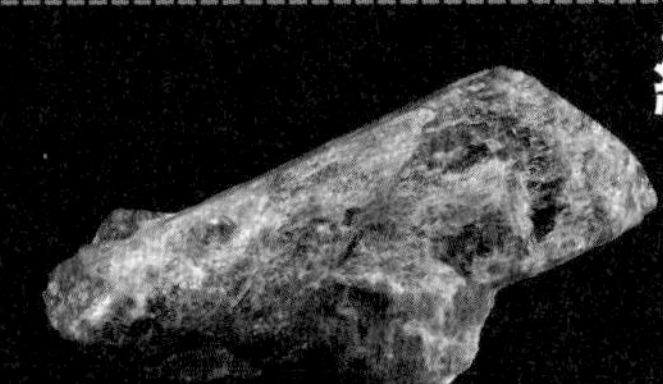

†ブラジル・ミナスジェライス州イチンガ

片麻岩、接触変成岩、花崗岩ペグマタイト、熱水変質岩中に見られる鉱物。藍晶石、珪線石とは同質異像。長柱状の結晶形を示し、扇状に集合することもある。耐火物の原料になる。

DATA

◆ Al_2OSiO_4 ◆直方晶系 ◆色：ピンク～赤褐、白、黄、緑など ◆条痕：白 ◆光沢：ガラス ◆硬度：6.5 ～ 7.5 ◆比重：3.1 ◆劈開：二方向に完全

BORATE MINERALS

硼酸塩鉱物

＋＋＋

硼酸塩鉱物は、ほとんどが柔らかくて溶けやすい鉱物で、塩分が濃縮・沈殿した蒸発残留岩に見つかるものが多い。硼酸に含まれるホウ素〔B〕は、ガラスに混ぜられて耐熱性を高めるほかに、半導体から触媒まで広い用途がある。

十字石（じゅうじせき）
Staurolite

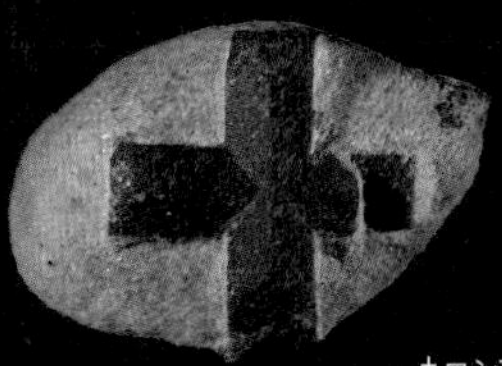

†ロシア・コラ半島ケイヴィ山

結晶片岩や片麻岩中に見られる、斜方柱状の結晶形を示す変成鉱物。双晶して十字形になることからこの名がつけられた。

DATA ◆ $Fe_2Al_9Si_4O_{23}(OH)$ ◆単斜晶系 ◆色：褐～赤褐 ◆条痕：灰 ◆光沢：ガラス ◆硬度：7 ～ 7.5 ◆比重：3.7 ◆劈開：一方向に明瞭

ウレックス石（せき）
Ulexite

†アメリカ・カリフォルニア州ボロン

繊維状の結晶

干上がった塩湖に見つかる。硼砂（ほうしゃ）と同じく、耐熱ガラスや化粧鉢、肥料などの化学工業の原料として利用されている。テレビ石や曹灰硼石とも呼ばれる。

DATA ◆ $NaCaB_5O_6(OH)_6 \cdot 5H_2O$ ◆三斜晶系 ◆色：無～白 ◆条痕：白 ◆光沢：ガラス～絹糸 ◆硬度：2.5 ◆比重：2.0 ◆劈開：一方向に完全

ダトー石（せき）
Datolite

†アメリカ・ニュージャージー州ミリントン採石場

火成岩、変質した火山岩、接触変成岩、結晶片岩中などに見られる鉱物。短柱状の結晶形を示し、ぶどう状の塊にもなる。ホウ素が主成分だが、ホウ素の原料としては使用されない。

DATA ◆ $CaBSiO_4OH$ ◆単斜晶系 ◆色：無～白～灰、ピンクなど ◆条痕：白 ◆光沢：ガラス～脂肪 ◆硬度：5 ～ 5.5 ◆比重：3.1 ◆劈開：なし

ハウ石（せき）
Howlite

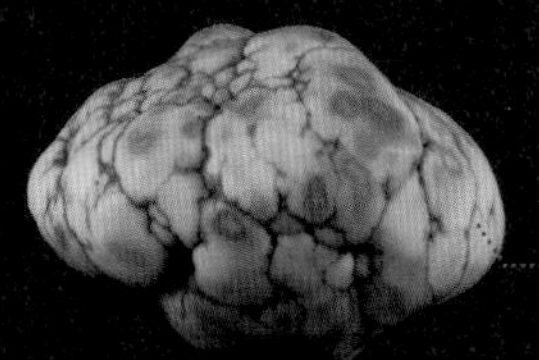

塊状結晶（研磨）

†ブラジル

他の硼酸塩鉱物と一緒に塊状で産する。染色するとトルコ石に似ているが、ハウ石は溶けやすく、硬度でも区別することができる。

DATA ◆ $Ca_2SiB_5O_9(OH)_5$ ◆単斜晶系 ◆色：白、淡青 ◆条痕：白 ◆光沢：亜ガラス ◆硬度：3.5 ◆比重：2.6 ◆劈開：不明瞭

珪亜鉛鉱（けいあえんこう）
Willemite

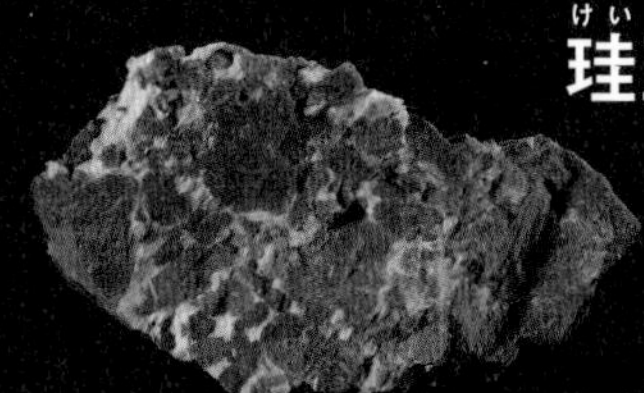

†アメリカ・ニュージャージー州フランクリン鉱山

亜鉛鉱床で見られる鉱物。結晶形を示すことは稀で、普通は塊状に。紫外線（短波）を当てると緑色に強く蛍光する。

DATA ◆ Zn_2SiO_4 ◆三方晶系 ◆色：淡緑、黄緑、赤褐、無など ◆条痕：白 ◆光沢：ガラス～樹脂 ◆硬度：5.5 ◆比重：3.9 ～ 4.2 ◆劈開：一方向に明瞭

誕生石とは何か？

誕生日に贈る宝石の由来とは？

誕生月	日本の誕生石	アメリカの誕生石
1月	ガーネット	ガーネット
2月	アメシスト	アメシスト
3月	アクアマリン、サンゴ	アクアマリン、ブラッドストーン
4月	ダイヤモンド	ダイヤモンド
5月	エメラルド、翡翠	エメラルド
6月	真珠、ムーンストーン	真珠、ムーンストーン
7月	ルビー	ルビー、アレキサンドライト
8月	ペリドット、サードオニキス	ペリドット、サードオニキス
9月	サファイア	サファイア
10月	オパール、 トルマリン	オパール、 ピンクトルマリン
11月	トパーズ、シトリン	トパーズ、シトリン
12月	トルコ石、ラピスラズリ	トルコ石、ジルコン

誕生日の贈り物に、宝石を贈る。こうした宝石は「誕生石」と呼ばれ、起源には諸説ある。

「旧約聖書」の出エジプト記に登場する祭司が着ていた胸当てに飾られていた宝石だとする説、モーセの審判に登場する12氏族の名前を彫り込んだ宝石に由来する説などがある。

やがて18世紀になると、ポーランドに移住したユダヤ人宝石商が「生まれ月の宝石を身につけると幸せに暮らせる」といいはじめ、これが誕生石としてヨーロッパに普及していったとされている。

それまで国により、どの宝石を誕生石とするかの基準はまちまちだったが、1912年にアメリカやイギリスの宝石産業協会が誕生石を統一し、その後、基本的な月ごとの石が決められた。一方、日本では1958年に全国宝石商組合が独自に日本特産品のサンゴを桃の節句にちなんで3月に、翡翠（ひすい）を新緑の季節にちなんで5月に加えている。

つまり、それぞれの誕生石には誕生月と石固有の必然的なつながりはないのだ。また、表を見ればわかるように月によって複数の宝石が誕生石とされてもいるが、どれが正しいというわけではない。基準が流通量や人気に基づくものであるからだ。

とはいえ、誕生石は宝石をより身近に楽しむための要素のひとつとして意味があり、贈り物としても大変喜ばれている。

SHOP 鉱物を購入できる標本専門店

鉱物は年に数度、各地で開催される展示即売会のほか、次のような専門店などで購入できる。また、ホームページでも鉱物を販売しているお店も多いが、初心者ならば、できるだけ店舗で商品を確認してから購入するのがいいだろう。

◆ **株式会社 大江理工社**	京都府京都市右京区常磐山下町 1-110 ☎ 075-873-5520 https://www.oheriko.co.jp/
◆ **株式会社 クリスタル・ワールド（東京営業所）**	東京都品川区西五反田 7-22-17 TOC ビル B1 ☎ 03-5435-8766 http://www.crystalworld.jp/
◆ **(有) タケダ鉱物標本**	茨城県守谷市久保ヶ丘 2-16-8 ☎ 0297-47-9000 http://takeda-mineral.com/
◆ **株式会社 東京サイエンス（ショールーム）**	東京都新宿区新宿 3-17-7 紀伊國屋書店新宿本店 1 階「化石・鉱物標本の店」 ☎ 03-3354-0131（代表） https://www.tokyo-science.co.jp/
◆ **株式会社 プラニー商会**	東京都豊島区北大塚 2-19-10-201 ☎ 03-5907-3360 http://www.planey.co.jp/
◆ **ホリミネラロジー株式会社（鉱物科学研究所）**	東京都練馬区豊玉中 4-13-18 ☎ 03-3993-1418 http://hori.co.jp/

MUSEUM 鉱物が展示されている博物館

岩石・鉱物・化石は日本全国の多くの博物館・科学館で観覧できる。ここでは鉱物標本を見ることができる主な博物館などを紹介する。

◆ 公益財団法人 **益富地学会館**	京都市上京区出水通烏丸西入 中出水町 394 ☎ 075-441-3280 http://www.masutomi.or.jp/
◆ **奇石博物館**	静岡県富士宮市山宮 3670 ☎ 0544-58-3830 http://www.kiseki-jp.com/
◆ **久慈琥珀博物館**	岩手県久慈市小久慈町 19-156-133 ☎ 0194-59-3831 http://www.kuji.co.jp/museum/
◆ **国立科学博物館**	東京都台東区上野公園 7-20 ☎ 03-5777-8600（ハローダイヤル） https://www.kahaku.go.jp/
◆ 独立行政法人 **産業技術総合研究所 地質標本館**	茨城県つくば市東 1-1-1 ☎ 029-861-3750 https://www.gsj.jp/Muse/
◆ **地球博物館 フォッサマグナミュージアム**	新潟県糸魚川市一ノ宮 1313（美山公園内） ☎ 025-553-1880 https://fmm.geo-itoigawa.com
◆ **山梨宝石博物館**	山梨県南都留郡富士河口湖町船津 6713 ☎ 0555-73-3246 https://www.gemmuseum.jp/

◆ 単結晶・双晶

ひとつの結晶が同じ原子の並び方でできている結晶を「単結晶」という。ふたつ以上の単結晶が対称の関係で組み合わさったものを「双晶」という。

◆ 展性・延性

ガラスのように硬くもろいものは、叩くと割れてしまうが、金属は叩くと変形する。例えば金の塊を叩くと平たくなり、もっと続けるとどんどん薄く広がっていく。このように広がっていく性質を「展性」という。また、金属は先がすぼまったノズルに入れて圧力をかけて押し出すと、長くのびて針金の形にすることができる。このような性質を「延性」という。展性が一番高いのは金、延性が一番高いのは銅だ。

◆ 同質異像

化学組成が同じでも原子配列が違い、結晶の形や性質が異なる鉱物同士のことを「同質異像」という。例えば同じ炭素からなる石墨とダイヤモンドや、炭酸カルシウムからなる方解石と霰石は、同質異像の関係にある。

◆ 二次鉱物

もとになる鉱物が形成された後に、変質作用などによってできた鉱物。

◆ 熱水・熱水鉱床

マグマの中にある、あるいはマグマに接した地表水などの高温の水が「熱水」である。非常に高い圧力が加わっているので気体（水蒸気）にならない。この水は高温・高圧のために周囲の岩石に含まれる金属などの鉱物成分を溶かしこむことができる。地上や海底、地下の割れ目に出てくると熱水は急激に圧力・温度が下がり、溶かしていた成分が固体になる。こうしてできた金属や非金属の集まりが「熱水鉱床（熱水鉱脈）」である。

◆ ノジュール

丸い岩石の塊を「ノジュール」という。周囲の層より硬く、崖などに半分出ているようなとき、周りの岩を崩すとぽろっととれたりする。中に化石や晶洞があったりもする。

◆ ペグマタイト

ガスを多く含むマグマが地下の深いところでゆっくりと冷えて、花崗岩などの深成岩になるとき、高圧・高温の水分が最後まで残り、その中に溶けていた成分が岩の割れ目などの隙間に大きな結晶となる。このような状態を「ペグマタイト」という。

◆ ホルンフェルス

鉱物が産出する状態のひとつで、スカルンは、石灰岩などとマグマが接触したときにできるのに対して、「ホルンフェルス」は、砂岩や泥岩などの堆積岩とマグマが接触してできる。主に熱による変成作用によって、鉱物粒が再結晶したり、別の鉱物ができたりして非常に硬くなった岩石である。泥質ホルンフェルスの中には、アルミニウム、マグネシウム、カリウム、ケイ素などが反応して、菫青石、紅柱石、黒雲母などがよく見られる。ホルンフェルスでは晶洞や隙間はほとんどない。

鉱物用語の基礎知識

鉱物と鉱石は違う意味？　ホルンフェルスやスカルンって何だろう？　性質やその産状については序章をご覧いただきたいが、ここでは鉱物の基礎用語を簡単にまとめておこう。

◆ 仮晶

ある鉱物の結晶の原子配列が変化したり、成分が別のものに置き換わったりして、まったく別の鉱物になってしまうことはよくある。その際に成分は変わっても、結晶の形は変わらずに残っているものを「仮晶」という。

◆ 屈折

光は均質なものの中ではまっすぐに進むが、性質が異なるものがあると、その境目で進む方向が変わる。この現象を「屈折」という。例えば、空気中をまっすぐに進んできた光が水の中に入っていくときは、水の表面で、より垂直に近くなる方向に曲がる。その曲がり方は物質によって異なり、さまざまな物質の屈折率が測定されている。鉱物も透明なものは、屈折率を計ることによって何という鉱物かを知る有力な手がかりになる。

◆ 蛍光・燐光

鉱物のなかには、蛍石のように紫外線を当てると青紫色や緑色に「蛍光」するものがある。蛍光する鉱物の結晶には、微量の不純物が含まれており、強いエネルギーをもつ紫外線を当てると、結晶に含まれる不純物が活性因子となり、原子内の電子のエネルギーレベルが高くなる。そのエネルギーレベルがもとの状態に戻るとき、エネルギーを放出する。これが光エネルギーに変わり、光を発する。紫外線照射をやめてもしばらく光り続けるものがあり、この現象は「燐光」という。

◆ 鉱床

役に立つ鉱物や成分がまとまって存在する場所。

◆ 鉱石・脈石・ずり

人間にとって有用で、経済的な価値がある鉱物を「鉱石」という。そのうち、水晶、方解石、石膏など、採掘されても有用ではない鉱物などを「脈石」といい、脈石鉱物を多く含む岩石を「ずり」という。

◆ 鉱脈

岩盤の中に板状に鉱物がまとまって存在する場所。地層を掘り下げていくと、筋状に見えるので鉱脈という。

◆ 晶洞

岩石や脈の空洞に鉱物結晶ができているもの。空洞ができるのは気体を多く含むマグマが冷えて固まるとき、ガスの泡ができるため。

◆ スカルン鉱床（接触交代鉱床）

石灰岩など、炭酸カルシウムや炭酸マグネシウムを多く含む岩石の中にマグマが入り込んでいくと、マグマが接触したところにさまざまな鉱物がつくられる。このように変成作用によってマグマとの接触部分につくられた鉱床をスカルン鉱床や接触交代鉱床（または接触変成鉱床）という。

REFERENCE 参考文献

より深く、より多くの種類の鉱物のことを知りたい方には、以下の『日本の鉱物（増補改訂フィールドベスト図鑑）』のように、専門家自身が選んだ理想的な標本写真を掲載した図鑑などもご覧になることをおすすめする。

・松原 聰『日本の鉱物（増補改訂フィールドベスト図鑑）』学研、2009年。
・松原 聰『鉱物ウォーキングガイド 全国版』丸善、2010年。
・松原 聰・宮脇律郎『鉱物と宝石の魅力』ソフトバンク クリエイティブ、2007年。

<その他の参考文献>
・パトリック・ヴォワイヨ『宝石の歴史』遠藤ゆかり訳、創元社、2006年。
・蟹澤聰史『石と人間の歴史』中央公論新社、2010年。
・セオドア・グレイ『世界で一番美しい元素図鑑』武井摩利訳、創元社、2010年。
・国立天文台編『理科年表 平成25年』丸善、2012年。
・田中真知『毒学教室』学研、2011年。
・堀 秀道『「鉱物」と「宝石」を楽しむ本』PHP研究所、2009年。
・堀 秀道『楽しい鉱物図鑑』草思社、1992年。
・堀 秀道『堀秀道の水晶の本』草思社、2010年。
・松原 聰・白尾元理他『鉱物・岩石――ポケット版学研の図鑑』学研、2010年。
・松原 聰監修『鉱物・岩石紳士録』学研、2010年。
・松原 聰監修『鉱物の不思議がわかる本』成美堂出版、2006年。
・松原 聰他監修『鉱物・岩石・化石――ニューワイド学研の図鑑』学研、2005年。
・山田英春『不思議で美しい石の図鑑』創元社、2012年。
・「これからの最先端技術に欠かせないレアメタル レアアース」（「ニュートン」別冊）ニュートンプレス、2011年。
・Ronald Louis Bonewitz, *Rocks & Minerals*. Dorling Kindersley, 2008.
など

PHOTO CREDIT 写真提供一覧

松原　聰 （松原標本）	表紙・091（ダイヤモンド）、071、090（自然銀）、094（毛鉱）、095（輝蒼鉛鉱）、109（灰長石）、116（菫青石）
国立科学博物館 （科博標本）	055（手稲石）、085・090（自然金）、101（ネオジムランタン石）、102（燐灰ウラン鉱）、110（濁沸石）、111（モルデン沸石）、115（直閃石）、116（軟玉）、118（紅簾石）
国立科学博物館 （櫻井標本）	039、057・102（モナズ石）、059・091（自然蒼鉛）、069（魚卵状オパール）、092（磁硫鉄鉱）、109（曹長石）、110（輝沸石）、111（方沸石）、113（頑火輝石）、115（普通角閃石）、116（緑閃石）
根津美術館	037（尾形光琳・燕子花図）
アフロ	087（万年筆）
アマナイメージズ	表紙（琥珀）、表2、004、015、017（モエラキ・ボールダーズ）、029-030、031（ポンペイ遺跡）、032、033（孔雀石の間）、038（紅石英）、039（レンソイス・マラニャンセス国立公園）、044（ウユニ塩原）、045（アポロ司令船）、048（ラスコー壁画、菱マンガン鉱）、049（針ニッケル鉱）、050（炎色反応、ストロンチウム）、051（キュービックジルコニア）、052（モリブデン）、053（インジウム）、054（ワイオタプ地熱公園）、055（DVD-RAM）、056（玉川温泉）、057（セリウム）、058（フィラメント）、060-063、066-067、068（インペリアルトパーズ）、072、073（ボヘミアングラス）、074（苦土橄欖石）、076、077（アクアマリンの宝石）、078-081、082（レースアゲート）、083（緑玉髄）、084-086、087（自然白金、ルテニウム）、088、090（自然白金）、095（針ニッケル鉱）、100（研磨された菱マンガン鉱）

※上記以外の標本写真の撮影は、ほぼすべて彩虹舎によるものである。

デザイン　原てるみ・岩田葉子（mill design studio）
標本写真　彩虹舎
イラスト　青橙舎
協力　田中真知
校正　染川真由美
編集　牧野嘉文

◎監修者紹介

松原 聰

国立科学博物館名誉館員。元国立科学博物館地学研究部部長、元日本鉱物科学会会長。理学博士。1946年愛知県生まれ。京都大学理学部地質学鉱物学科卒業後、同大学院理学研究科博士課程中退。主な著書は、『日本の鉱物』（学研）、『鉱物と宝石の魅力』（共著・ソフトバンククリエイティブ）、『鉱物ウォーキングガイド 全国版』（丸善など）

学研の図鑑

美しい鉱物 オールカラー

2013年　3月 12日　初版第1刷発行
2023年　4月　3日　新装版第1刷発行

監　修　松原　聰
発行人　土屋　徹
編集人　代田雪絵
発行所　株式会社 Gakken
〒141-8416
東京都品川区西五反田 2-11-8
印刷所　図書印刷株式会社

●この本に関する各種お問い合わせ先
本の内容については、下記サイトのお問い合わせフォームよりお願いします。
https://www.corp-gakken.co.jp/contact/
在庫については　☎ 03-6431-1201（販売部）
不良品（落丁、乱丁）については　☎ 0570-000577
学研業務センター
〒354-0045　埼玉県入間郡三芳町上富 279-1
上記以外のお問い合わせは　☎ 0570-056-710（学研グループ総合案内）

■学研グループの書籍・雑誌についての新刊情報・詳細情報は、下記をご覧ください。
学研出版サイト　https://hon.gakken.jp/